定形相变储热材料

冯利利　李星国　王崇云　著

机 械 工 业 出 版 社

本书共 8 章。第 1 章绪论，概述了储热、相变储热材料的分类及应用、定形相变材料和复合相变材料的热导率；第 2 章多孔基体对 PEG 基定形相变材料的影响，介绍多孔基体的材质和孔结构对定形相变材料定形性、结晶性、相变行为和热性能的影响规律及机制；第 3 章 PEG/多孔炭定形复合相变材料，介绍活性炭、泡沫炭、氮化碳 3 种基体对 PEG 基定形相变材料结构和热性能的影响；第 4 章 PEG/GO 定形复合相变材料，介绍 3 种具有不同界面性质的定形复合相变材料中，石墨烯氧化物（GO）、羧基化石墨烯氧化物（GO－COOH）和还原石墨烯氧化物（rGO）基体与 PEG 相变材料之间化学和非化学界面作用对 PEG 相变行为和热性能的影响及作用机制；第 5 章 PEG/MWCNT 定形相变材料，介绍本征 MWCNT 和不同官能团（羟基、氨基、羧基）修饰 MWCNT 基体对定形相变材料中 PEG 相变行为、储－放热性能和热传导的影响及作用机制；第 6 章 PEG/矿物材料定形相变材料，介绍硅藻土和蒙脱土两种矿物材料对定形相变材料结构和热性能（储－放热、热稳定性、热循环性）的影响；第 7 章 PEG/SiO$_2$ 凝胶定形相变材料，介绍 SiO$_2$ 骨架对定形相变材料结晶性和热力学性质的限域效应及相变模型；第 8 章正二十烷@SiO$_2$ 微胶囊定形相变材料，介绍合成的微胶囊相变材料的微纳结构特征，以及 rGO 对微胶囊相变材料热导率和微胶囊形成过程的影响。

本书内容详实，既系统介绍了作者在定形相变材料领域的研究成果，又不乏深入的理论知识和丰富的实验技能，可作为材料、能源、热动、化工、化学等专业本科生、研究生教材，也可作为相关科技工作者的参考书。

图书在版编目（CIP）数据

定形相变储热材料/冯利利，李星国，王崇云著 . —北京：机械工业出版社，2018. 12
ISBN 978-7-111-61785-3

Ⅰ. ①定… Ⅱ. ①冯…②李…③王… Ⅲ. ①定形－相变－热吸收－功能材料 Ⅳ. ①TB34

中国版本图书馆 CIP 数据核字（2019）第 007858 号

机械工业出版社（北京市百万庄大街 22 号 邮政编码 100037）
策划编辑：顾 谦 责任编辑：间洪庆 顾 谦
责任校对：肖 琳 封面设计：马精明
责任印制：郜 敏
北京圣夫亚美印刷有限公司印刷
2019 年 3 月第 1 版第 1 次印刷
184mm×260mm · 10.5 印张 · 250 千字
0 001—2 000 册
标准书号：ISBN 978 - 7 - 111 - 61785 - 3
定价：59. 00 元

前　言

　　能源是人类赖以生存的基础。能源危机以来，为了解决矿物能源的枯竭以及伴随而来的环境污染等问题，人们开始注重提高能源使用效率并致力于开发可再生能源，储能技术应运而生。储能技术可以解决能源供给和需求在时间和空间上不匹配的矛盾，从而提高能源利用效率。储热是提高能源利用效率的重要方法之一。储热是一种重要的储能方式，它通过材料内能的改变实现热量的存储与释放。储热包括显热存储、热化学储能和潜热存储（相变储热），其中相变潜热储能是近年来的研究热点，它利用材料在相变时吸热或放热来储能或释能，这种材料不仅能量密度较高，而且所用装置简单、体积小、设计灵活、使用方便且易于管理。另外，这类材料通过相变储热或放热的过程几乎是在近于恒温的条件下进行的。因此相变材料可以调整、控制工作热源或材料周围环境的温度，也可以减轻能源的供给与需求之间在时间、空间和速度上的不匹配程度。由于潜热储能的上述优势使得潜热储能成为最具有实际发展前途，也是目前应用最多和最重要的储能方式。

　　定形相变储热材料是近年来国内外在能源利用和材料科学方面研发十分活跃的领域。这类材料为复合材料，一般由固-液相变材料和基体材料构成，相变材料是复合材料中执行相变储能的功能体，基体材料是相变材料的载体。在相变过程中，相变材料发生相变，实现储热和放热；而基体材料限制了液体相变材料的流动，阻止了液体渗漏，使得复合材料在相变过程中保持为宏观上的固体形态，其相变性质介于固-固相变材料和固-液相变材料之间。定形相变材料利用基体材料和相变材料协同增强、优势互补，能够实现限域效应作用下的温度调节储热-控热，同时具有固-液相变材料储能密度大和固-固相变材料无液体渗漏的优点。本书系统地总结了作者在定形相变储热材料方面的研究工作，共有 8 章内容。

　　第 1 章概括介绍了相变储热材料的分类及应用、定形相变材料的制备方法、三种常见的定形相变材料以及复合相变材料的热导率；第 2 章介绍了多孔基体的材质和孔结构对定形相变材料的影响；第 3~7 章介绍物理共混浸渍法制备的 PEG 基定形相变材料，基体材料涉及多孔炭（活性炭、泡沫炭、氮化碳，见第 3 章）、石墨烯氧化物（GO、GO-COOH、rGO，见第 4 章）、MWCNT（本征多壁碳纳米管和 -OH、-COOH、$-NH_2$ 官能团修饰多壁碳纳米管，见第 5 章）、矿物材料（硅藻土和蒙脱土，见第 6 章）以及 SiO_2 凝胶（见第 7 章）；第 8 章介绍了正二十烷@SiO_2 微胶囊相变材料，探讨了 rGO 对微胶囊相变材料热导率及微胶囊形成的影响。

　　上述研究工作在北京大学化学与分子工程学院李星国教授的指导下，由冯利利、王崇云、王维、杨华哲共同完成。其中，第 2 章研究工作完成人为冯利利、王崇云，第 3 章研究工作完成人为冯利利，第 4 章研究工作完成人为王崇云，第 5 章研究工作完成人为冯利利，第 6 章研究工作完成人为冯利利、王杰（冯利利指导），第 7 章研究工作完成人为杨华哲、冯利利，第 8 章研究工作完成人为王维。全书由冯利利、李星国、王崇云著，冯利利整理和统稿。

　　感谢国家科技部 973 项目"智能控热纳米复合体系的优化"（2009CB939902）、国家自然科学基金项目"多孔碳基定形相变复合体系的热性能与温控相变机理"（51206009）和中国矿业大学（北京）中央高校基本科研业务费（2017QH）对本书研究工作及出版的资助！感谢工作开展过程中曾经给予帮助和支持的各位老师和同学，他们是北京大学郑捷副教授、林建华教授、李伟博士、范欣欣博士和宋萍博士，《中国科学》杂志社王维博士，中国科学技术大学谢毅教授，北京科技大学田文怀教授，南京大学闫世成教授，中国医科大学杨华哲副教授及北京建筑大学张晓然和刘建伟副教授！

作者

目　　录

第1章 绪 论

1.1 储热

能源是人类赖以生存的基础。能源危机和环境污染问题促使人们开发可再生能源，提高能源利用效率。储能技术可以解决能源供给和需求在时间和空间上的不匹配的矛盾，从而达到提高能源利用效率的目的。能量存储的方式包括以下几种：机械能、电磁能、化学能和热能等。机械能存储通常以动能或势能的形式存储，存储方法包括压缩空气储能、抽水蓄能和飞轮储能等。大规模的机械能存储主要是利用压缩空气储能和抽水蓄能。电能的存储主要以化学能的形式存储于蓄电池中。电池一般分为原电池和蓄电池。原电池只能一次使用，不能再充电，又称一次电池；蓄电池则能多次充电循环使用，又称二次电池。因此只有蓄电池能通过化学能的形式存储电能，实现储能目的。蓄电池是利用电化学原理，充电存储电能时，在其内发生一个可逆吸热反应将电能转换为化学能；放电时，在蓄电池中的反应物在一个放热的化学反应中化合并直接产生电能。

储热是另一种重要的储能方式。储热是通过材料的内能的改变实现热量的存储与释放。储热包括显热存储、热化学储能和潜热存储（又称为相变储热）。储热是提高能源利用效率的重要方法之一。

显热存储是通过使蓄热材料温度升高来达到储热的目的。储热材料的比热容越大，密度越大，其存储的热量也就越多，可以通过式（1.1）来计算存储的热量。在众多显热储热材料中，水因其比热大、廉价易得，是一种广泛应用的显热储热材料。当储能过程中使用温度较高时，显热储热材料主要是油、熔融盐或熔融金属。显热储热材料使用方便，但在储热过程中其温度会随着热能的存储与释放而不断变化，无法实现控制温度的目的。另外，此类材料储能密度低，从而使得相应的盛装体积庞大，使用条件要求较高，因此这类材料的使用范围有限，应用价值不高。

$$Q = \int_{T_i}^{T_f} mC_p \mathrm{d}T \tag{1.1}$$

热化学储能是利用材料在受热和受冷时发生可逆化学反应的反应焓进行储能，实现对外储能和释能。热化学储能的储能密度与储热材料、反应焓和反应进行的程度有密切关系［见式（1.2）］。这种储能方式虽然储能密度较大，但是需要复杂的技术，对反应条件要求苛刻，且使用不方便，在实际中难以得到较好的应用。

$$Q = a_r m \Delta h_r \tag{1.2}$$

潜热存储，又称相变储热，它是利用相变材料（Phase Change Material，PCM）在物态变化（固－液、固－固或气－液）时，吸收或放出大量相变潜热而实现储热。在相变过程中，相变温度恒定，可实现控温的目的。其存储的热量可以由式（1.3）计算得出。

$$Q = \int_{T_i}^{T_m} mC_p \mathrm{d}T + ma_m \Delta h_m + \int_{T_m}^{T_f} mC_p \mathrm{d}T \tag{1.3}$$

在众多的储热技术中，相变储热材料具有储热密度大、相变温度恒定等优点，可实现储能与控温的双重目的，是一种极具潜力的储热技术。

1.2 相变储热材料的分类及应用

1.2.1 相变储热材料的分类

相变材料的分类方法很多，常见的分类方式有两种：按材料的化学组成分类和按材料在相变过程中相态的变化分类。从材料的化学组成来看，相变材料主要包括无机相变材料、有机相变材料和共晶相变材料三类，如图 1.1 所示；从储热过程中材料的相态的变化方式来看，又分为固-液相变材料、固-固相变材料、固-气相变材料、液-气相变材料。固-气相变材料、液-气相变材料发生相变时，体积变化很大，不利于实际应用，目前没有相关研究。根据相变材料的现状和发展，主要介绍固-固相变材料和固-液相变材料。

1.2.1.1 固-液相变材料（Solid-Liquid PCM）

（1）无机相变材料

无机相变材料可以进一步分为结晶水合盐、熔融盐、金属合金等无机物；使用较多的主要是碱及碱土金属的卤化、硝酸盐、磷酸盐、碳酸盐及醋酸盐的水合物等。结晶水合盐类可以视为是水和无机盐形成的 $AB \cdot nH_2O$ 晶体，其相变过程是无机盐的水合物晶体的脱水与形成，如式（1.4）或式（1.5）所示。

$$AB \cdot nH_2O \rightarrow AB \cdot mH_2O + (n-m)H_2O \qquad (1.4)$$

$$AB \cdot nH_2O \rightarrow AB + nH_2O \qquad (1.5)$$

结晶水合盐是中、低温相变材料中的重要类型，其相变温度一般在 0~150℃ 不等，具有较大的熔解热和固定的相变温度。它们具有广泛的使用范围、较大的热导率、较高的储热密度、较小的相变体积变化、中性无毒和使用成本低廉等优点[1]。但是这类相变材料通常存在两个限制其广泛应用的问题，即过冷现象和相分离。结晶水合物成核率低，当相变材料冷凝到"冷凝点"时并不会结晶，而必须到"冷凝点"以下的一定温度时才开始结晶，与

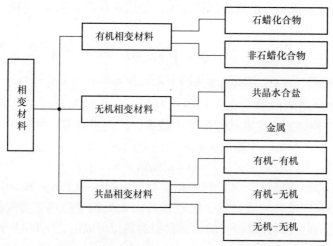

图 1.1 按材料化学组成分类的相变材料

此同时结晶过程中释放的结晶潜热又会使温度上升到"冷凝点",延缓了相变材料结晶过程,因此结晶水合物的结晶过程有较大的过冷度。目前主要是通过提高成核速率的方法解决,常用的方法有:①加成核剂,即加入微粒结构与结晶盐类似的物质作为成核剂;②冷指法,即保持一部分冷区,使未熔化的一部分晶体作为成核剂。结晶水合物作为相变储热材料的另一个问题是出现相分离,即加热时结晶水合物变成无机盐和水时,加热生成的自由水不能完全溶解无机盐,由于密度差而沉于容器底部,冷却时也不与结晶水结合而形成分层,导致溶解的不均匀性,从而造成储能密度急剧下降[2]。针对这一问题,常用的解决方法有:①加入某种增稠剂[3];②加入晶体结构改变剂[4,5];③盛装相变材料采用薄层结构;④机械摇晃或搅动[6];⑤采用胶囊封装[7];⑥加入过量的水[8]。

金属合金及熔融盐由于其相变温度较高,在实际中应用较少,对于这类相变材料的关注和研究也较少。

(2)有机固-液相变材料

有机固-液相变材料主要包括石蜡、羧酸、酯、多元醇等有机物,通常分为石蜡类相变材料和非石蜡类相变材料。

石蜡类相变材料由不同碳原子数构成的直链烷烃组成。烷烃分子链的结晶过程将释放出大量的相变潜热。石蜡类相变材料的相变温度和相变焓,会随着碳链长度的增加而增加,因此,石蜡类化合物作为相变材料,其相变温度范围广,能满足不同工作温度的需求。此外,石蜡类相变材料还具有可靠性高、价格便宜和无腐蚀性等特点。它是化学惰性的,在500℃下稳定,在熔化和结晶过程中体积变化小,有较好的热循环性能,使得石蜡成为极具潜力的一种相变材料[9]。石蜡作为相变材料也有一些缺点:①热导率低;②与容器的相容性差;③易燃。对石蜡类相变材料的研究,主要集中在提高其热导率和阻燃性等方面。

非石蜡类相变材料主要有脂肪酸及其酯类、盐类、醇类、芳香烃类、芳香酮类、酰胺类、氟利昂类和多羟基碳酸类等。另外,高分子类有聚多元醇类、聚烯醇类、聚烯酸类、聚酰胺类以及其他的一些高分子。与石蜡类相变材料不同,上述的每一种有机相变材料都有自己独特的性质。Abhat等[10]和Buddhi与Sawhney等[11]系统地总结了多元酯、脂肪酸和多元醇用于储热的优缺点。这类有机物作为相变材料,具有较高的熔化焓、较低的热导率、易燃、有不同程度的毒性、低闪点和高温不稳定等特点。这类有机相变材料的相变温度与其碳链长度相关。一般来说,同系有机物随着碳链长度的增加,其相变温度和相变焓也逐渐升高,因此通过控制有机物的碳链长度可以得到具有一系列相变温度和相变焓的储热材料。但是随着有机物碳链的增加,相变温度的增加幅度逐渐降低。通过将几种有机物混合得到多元有机储热材料可以扩大储热温度范围,调控多元有机储热材料的组分,可以得到具有合适相变温度和较高相变焓的复合相变材料[12,13]。

非石蜡类相变材料可进一步划分为硬脂酸和其他非石蜡类相变材料。与其他相变材料相比,硬脂酸有更高的相变潜热,热循环性能优异,没有过冷度[14,15]。硬脂酸的化学通式为$CH_3(CH_2)_{2n}COOH$。作为相变材料,硬脂酸存在成本高的缺点,其成本是用于相变材料的工业纯的石蜡的2~2.5倍,这就极大地限制了广泛应用。

有机储热材料熔化成液体后,其流动性造成使用上的不便,为克服此种不利现象,可用一些起承载作用的固体基质浸渍液体储热材料或与储热材料一起熔融混合,如聚乙烯、乙烯A-烯烃共聚物等高聚物,以及石膏等无机物。直接作为储热材料的聚合物多采用结晶型聚烯烃类等材料，其相变温度及相变热可以用聚合度控制。与无机相变储热材料相比，有机相变储热材料相变过程中对盛装容器的腐蚀性小，具有优异的化学稳定性，几乎不发生相分离，同时它还具有价格低廉等优点。但有机相变材料的热导率低，由此导致储能系统的传热性能差，降低了储能系统的储能效率和利用率。

总之，固-液相变材料具有储热密度大、价格便宜等优点。但是在相变储能过程中存在过冷和相分离等缺点，极大地恶化了其储热性能。另外，其相变过程中易产生液相渗漏，污染环境，腐蚀性较大，因此对封装容器要求较高，使得其使用成本大幅升高。

1.2.1.2 固-固相变材料（Solid-Solid PCM）

固-固相变材料是通过其结构的有序-无序转变，实现可逆的储能与释能。固-固相变材料作为一种理想的储热材料，在相变过程中具有不生成液相、相变前后体积变化小、无腐蚀性、传热效率高和循环性能好等特点。固-固相变材料目前主要有：多元醇、高分子聚合物、层状钙钛矿以及无机盐类等。

（1）多元醇

多元醇是一类很具有潜力的相变储热材料，具有多种相变温度，固-固相变时有较高的相变熔，适合于中、高温储能的应用，转变时体积变化小，过冷度低，以及无腐蚀性，热效率高，使用寿命长。多元醇储能原理是利用晶型之间的转变来吸热或放热。Benson 等[16] 给出了3种多元醇随温度的升高由低对称的晶体结构转变为高对称的面心立方结构，提出了固-固转变时低温晶相中氢键被部分破坏而使分子获得振动和转动自由度的理论。常用的多元醇有季戊四醇、新戊二醇、三羟甲基氨基甲烷、三羟甲基乙烷、三甲醇丙烷、2-氨基-2甲基-1，3-丙二醇等，每一种多元醇都有一定的转变温度和转变热。将两种或多种多元醇混合进而可以得到二元体系或多元体系的"合金"。这类多元体系"合金"的相变温度低于其组元的相变温度，而且改变多元体系中不同组元的比例，可以有效地改变多元体系的相变温度，进而得到具有较宽的不同相变温度的多元体系"合金"储热材料，以满足不同温度要求的应用[17-19]。

多元醇作为相变储热材料，存在以下缺点：使用成本高；与结晶水合盐一样，存在过冷现象，并因此导致储热的效能降低，但与某些水合盐相比，多元醇类固-固相变材料的过冷度不算严重，通过添加成核剂可有效减轻过冷度，降低对储热实际使用的影响。另外，多元醇在升温过程中，它们的固-固相变是由晶态固体转变为塑晶，塑晶具有很高的固体饱和蒸汽压，在温度较高时会发生升华，变为气体逸出，经多次循环后相变体系即逐渐分解而失效。

（2）高分子聚合物

高分子固-固相变材料因具有储热容量大、容易制成各种形态、可以直接用作系统的结构材料等特点成为相变储热材料最有发展前途的研究领域。高分子固-固相变材料主要为交联型结晶聚合物相变材料，如交联聚烯烃类和交联聚缩醛类。高密度聚乙烯是使用最多的聚烯烃类相变材料之一，其结晶熔点为 135℃，相变潜热为 210J/g；其价格低廉，易于加工，可以制成多种形态以满足不同的使用要求。相对分子质量较高的高密度聚乙烯的粘流温度高于结晶熔点，在结晶熔融后聚合物无液相产生，仍处于高弹态，在一定的温度范围内保持了固态。因此这类高相对分子质量的聚乙烯可以用作固-固相变储能和温控材料[20]。高分子类相变材料种类较少，尚处于研究开发阶段。

高分子固-固相变材料呈现出了完全可逆的相变，它通过有序态与无序态之间的转变，吸放热的容量可达数十焦/克以至数百焦/克，比通常的热容储热系统高数十倍。高分子固-固相变材料在相变过程中无液相生成，无需盛装容器，降低了使用成本；相变前后体积变化小，易与其他材料结合使用，甚至可直接用作系统的基体材料。由于这类相变材料的相变温度与其分子链的长度相关，可以通过选择合适相对分子质量的相变材料，使其相变温度适宜；其有序-无序的相变过程，使其具有优异的稳定性，循环性能良好，无过冷和相分离现象等缺点。高分子固-固相变材料加工性能优异，便于加工成所需要的形态，且力学性能好，是真正意义上的固-固相变材料，具有很大的实际应用价值，成为相变储热材料研究的热点。但高分子固-固相变材料的种类少，无法满足对其巨大的需求；同时与固-液相变材料相比，相变焓较小；与其他有机相变材料一样，其导热性能差。这些缺点限制了实际应用。

（3）层状钙钛矿

层状钙钛矿相变材料是一类有机金属化合物，因这些化合物的夹层状晶体结构与矿物钙钛矿的结构相似[21]，故而得名。它们的化学通式为 $(n-C_xH_{2x+1}NH_3)MY_4$。式中，M 是一种二价金属，如 Mn、Cu、Fe、Co、Zn、Hg 等；Y 是一种卤素，如 Cl 等；碳原子数 x 为 8~18。这类相变材料具有层状晶体结构，与 $CaTiO_3$ 矿石的层状晶体结构类似，故称为层状钙钛矿类相变材料。这种金属有机复合物的层状结晶体结构类似三明治，层与层之间胶体为无机物（薄层）和有机物（厚层）。无机层由 $[MCl_4^{2-}]$ 构成，对于 M = Cd、Cu、Fe (II)、Hg、Mn 的化合物，$[MCl_4^{2-}]$ 是八面体，缔合成骨架，而对于 M = Co、Zn 的化合物，$[MCl_4^{2-}]$ 是四面体，以离子的形式存在。有机物层包括含有 n-烷基铵基团的直链烷烃分子所组成，分子链的一端通过离子键与无机层接合。Busico 等[22]、阮德水等[23-25]对这类化合物做了研究，通过差示扫描量热（DSC）和傅里叶变换红外光谱（FT-IR）分析，发现这类化合物固-固相变是有机层结构的有序-无序转变，低温下有机层中的烷基链形成有序结构，以平面曲折排列；在较高温度时，则变为无序结构 n-烷基链，在整个过程中无机层的晶体结构则保持不变。

层状钙钛矿相变材料是常温下（0~120℃）可利用的固-固相变储热材料。它们的固-固相变是可逆的，具有较高的转变焓，相变温度选择范围较宽。该金属有机复合物的相变在经历 1000 次热循环后依然是完全可逆的。在温度不太高时，复合物非常稳定，但在高于 220℃ 的空气中，复合物发生缓慢的分解。另外，这种材料是一种易碎的粉末，难以直接利用。为了避免这些缺点，在实际应用时可将这些粉末作为填料，与高分子材料混合，成为具有储热和温控功能的复合高分子材料。

（4）无机盐类

无机盐类相变储热材料主要是利用固态下不同晶型的转变实现吸热和放热，通常相变温度较高，适合于高温范围内的储能和控温。无机盐类固-固相变材料的种类较少，且这类固-固相变材料（如 Na_2MoO_4、KHF_2、Na_2CrO_4 等）的相变温度较高，相变行为是由晶格畸变引起的，如硫氰化铵（NH_4SCN）在升温过程中存在多个相变行为，其固-固相变是由分子晶体内相邻的氢键断裂，晶型由低对称转变为高对称并引入振动和转动无序引起的[26,27]。

1.2.2 相变储热材料的应用

由于相变储热材料在相变过程中能吸收和释放巨大潜热，而且相变过程中温度几乎保持不变，因而相变材料可以广泛应用于能量存储和温度控制。目前，相变材料在太阳能、废热、废冷等节能领域中有着广阔的应用前景[28, 29]。具体的应用包括以下几个领域。

1.2.2.1 储热领域

（1）电力调峰

随着经济的发展和人民生活水平的提高，我国在用电高峰期供电形势紧张程度日趋严重，与电力供应高峰不足相反的是用电低谷时电力过剩，电力需求与供应的矛盾日益严重。各大电网的峰谷差均已超过最大负荷的30%，个别甚至达到50%，给电网的安全性和经济性带来很大的影响。人们利用采暖或空调的目的是平衡室内温度及增加室内的舒适度。如果将相变材料用于储能或控温，将很好地起到或者增加这种作用。美国、日本和欧洲许多国家在20世纪80年代中期开始大规模推广使用储能空调技术，我国从20世纪90年代中期开始利用这项技术[30]。储能空调的主要形式有冰蓄冷、水蓄冷和相变材料蓄冷，目前普遍使用冰为蓄冷材料，也有使用相变点在5℃以上的储冷材料以便提高制冷机的效率。此外，相变储冷技术还提高燃气轮机的功率[31]。根据热力学定律，燃气轮机的输出功率与燃气轮机进口空气温度呈反向变动关系，燃气轮机的进口空气温度越低，输出功率越高。为缓解电力供应与需求在时间上不匹配，电力公司用燃气轮机实现夏季的调峰。电力需求高峰期一般为夏季午后到傍晚的短短4h，这是由于在这个时间段，气温较高，空调制冷的电力需求增大，电网负荷加大。为了满足电力需求，需要燃气轮机输出最大功率。在此时间段，由于气温较高，空气密度小，燃气轮机吸入的空气质量小，输出功率低。此时间段气温高，一方面空调制冷的电力需求增大需要燃气轮机最大功率输出；另一方面空气密度最小导致燃气轮机输出功率最小，这构成了一对突出的矛盾。利用相变材料的储冷技术，可以缓解这一矛盾，即利用相变储冷系统降低燃气轮机进口空气的温度，以实现提高燃气轮机输出功率的目的。

（2）太阳能和热能的存储

太阳能是巨大的能源宝库，是解决当前能源危机和环境污染的理想能源。太阳能的利用受到地理、季节、昼夜以及天气等诸多因素的制约，且到达地球表面的太阳辐射能量密度较低，难以直接利用，因此太阳能具有不稳定性、间断性和稀薄性等特点。为了实现供热或者供电装置不间断地稳定运行，需要采用相变储能系统实现削弱热流波动幅度，即在能量富裕时存储能量，在能量欠缺时释放能量，以此保证能源的稳定供应。人们已将氯化钙（$CaCl_2 \cdot 6H_2O$）、硫酸钠（$Na_2SO_4 \cdot 10H_2O$）和赤藻糖醇（erythritol，$C_4H_{10}O_4$）作为相变材料，有效地用于存储太阳能，并取得了良好的效果[32]。

（3）空调储冷

将具有合适相变温度的相变材料封装于同心圆管之间，当内管中流过适当温度的冷介质或热介质，管之间的相变材料发生相变，从而实现储冷或储热的目的。将多根类似的同心管通过串联或并联组合，可制成具有换热器形状的相变储能系统，用于各种储能工程。如果同心管之间的相变材料为共晶盐，即无机盐与水的混合物，这类相变材料的熔融或凝固温度一般为4~90℃，该相变温度区间覆盖了空调系统的冷却水、风冷冷凝和热水储热与热回收等广泛应用的温度范围[33]。因此这种储能系统在空调储冷、储热、热回收等系统中有着广阔的应用前景。

（4）工业余热利用

冶金、玻璃、水泥、陶瓷等高能耗行业都有大量的各式高温窑炉，这些高温窑炉耗能巨大，但热效应通常低于30%。降低能耗的重要途径就是回收烟气余热（高达50%）。传统的回收余热的方法是利用耐火材料的显热容来实现储热，但由于显热储热密度低，设备体积巨大，储热效果不明显。将高温相变材料用于工业余热的回收，储热设备体积可减小30% ~ 50%，同时可节能15% ~45%，还可以起到稳定运行的作用[34]。

1.2.2.2　温度调控领域

（1）航天器仪器恒温

人造卫星等航天器在运行中，有时处于太阳的照射之下，有时被地球遮蔽而处于黑暗之中，在这两种极端情况下，人造卫星所处环境的温度相差达到几百摄氏度。为了保证航天器的仪器、仪表在特定的温度下工作，航天器的恒温控制问题早在20世纪50年代就已开始展开。由于相变材料的相变储能具有调控温度的功能，利用相变储热材料在特定温度下吸热与放热来控制温度，成为人们研制的众多温控装置的一类。当环境温度高于特定温度时，相变储热材料熔融，吸收大量的热量；与之相反，当环境温度低于特定温度时，相变储热材料凝固结晶，释放大量的热量，从而实现航天器内部温度恒定在30℃左右[35]。

（2）纺织品调温

随着科学技术的进步，利用相变储热材料使得纺织品具有调温功能。固 – 液相变材料在发生相变时有液相产生，易于流动散失，因此在纺织品上一般采用微胶囊形式对相变储热材料进行封装，避免液相相变储热材料的流动散失，即微胶囊相变材料（MPCM）[36]。微胶囊化是将直径1 ~ 1000μm 的固体或液体粒子埋入硬壳的物理和化学过程。制备微胶囊的物理工艺包括喷射烘干、离心流动床或涂层处理[37]。将微胶囊相变材料在纺织工艺流程中嵌入到纺织品中，得到具有调温功能的纺织品。当环境温度或者人体皮肤温度上升达到微胶囊相变材料的熔点，相变材料发生固 – 液相变，吸收热量；当环境温度或者人体皮肤温度降低达到微胶囊相变材料的凝固结晶温度，微胶囊中液相相变材料发生结晶凝固，释放出结晶潜热。相变材料的吸热与放热，能对环境温度的变化起到缓冲作用，降低皮肤温度的变化，实现调控温度的功能，能提升穿戴者的舒适感。

（3）建筑控温与农业温室

将相变储热材料与建筑材料复合，得到相变建筑材料。这类复合材料构建的墙体和地板，可利用其中的相变材料组分实现储能和控温的作用，减小室内温度波动，提高舒适度。相变材料应用于建材的研究始于1981 年，由美国能源部太阳能公司发起，1988 年由美国能量存储分配办公室推动此项研究。美国管道系统公司应用 $CaCl_2 \cdot 6H_2O$ 作为相变材料支撑储热管，用来存储太阳能和回收工业中的余热[38]。

在农业上，相变储热材料主要应用于果树大棚，利用相变材料储热与控温功能，实现果蔬大棚的温度调节。一种被称为"大棚太阳能自动储热袋"的新产品在果蔬大棚里得到推广应用。该产品采用高性能的相变储热材料制成，储热密度大，储热量为同体积水的储热量的10 倍，同时还具有明显的控温效果。这种产品白天吸收太阳能并以相变潜热形式存储，同时避免了大棚内的温度过高；晚上释放相变潜热，明显提高了大棚内的温度，温控效果明显[39]。

1.2.2.3　其他应用领域

相变储热材料在其他领域也有广泛的应用，如军事工业中的伪装材料；家用电器领域，可以用于制备储能节能电器，相变温度在 100℃ 或更高温度的相变材料已制成储能的电饭锅、电熨斗[40]；大功率电子元器件的温控，应用相变材料可制成用于计算机微处理器、大功率输出电子元器件的吸热池和界面传热材料，可使微处理器及电子元器件的工作温度下降而延长工作寿命；可用于多次记录和删除的光记录材料[41]。

1.3　定形相变材料

1.3.1　概述

在固－液相变储热材料中，无机类相变储热材料具有较大的热导率、较高的储能密度、较低的价格以及中性等优点，但存在过冷现象和相分离现象的缺陷，同时在相变储能过程中有液相产生，需要额外的容器盛装，部分材料对容器材质要求高，这些缺点制约了其广泛使用。无机盐类相变储热材料的相变温度普遍较高，在中低温范围内储热材料种类较少，适合高温范围内的控温与储能，使用范围有限。有机类相变储热材料的热导率小、体积储能密度低，易挥发、易燃烧甚至爆炸，在空气中易老化，由于有液相产生，也需要容器盛装。在固－固相变储热材料中，多元醇类相变材料在固－固相变温度以上时，由晶态转变为塑晶晶体，塑晶有很高的蒸汽压，易挥发而损失，其应用范围有限。高分子类相变材料则因为种类少、储能密度低、热导率小，在实际使用中储能效率不高。综上所述，研制具有相变温度适宜、储能密度大、性能稳定的定形相变材料成为该研究领域的热点和难点。

近年来，人们开发出一类新的相变材料，其相变性质介于固－固相变材料和固－液相变材料之间，称为定形相变材料（Shape－stabilized PCM）。该类材料为复合材料，一般由固－液相变材料和载体材料构成，相变材料是复合材料中执行相变储热的功能体，载体材料是相变材料的载体[42]。在相变过程中，相变材料发生相变，实现储热和放热功能；而载体物质限制了液体相变材料的流动，阻止了液体渗漏，使得复合材料在相变过程中保持为宏观上的固体形态[43]。合成这类复合相变储热材料的关键是选取合适的相变材料和载体材料以及将这两种材料复合在一起的方法。定形相变材料同时具有固－液相变材料储能密度大和固－固相变材料无液体渗漏的优点，其相变温度可以由选取不同的相变材料实现调控。因此，定形相变材料是近年来国内外在能源利用和材料科学方面研发十分活跃的领域。

定形相变材料由工作物质和载体材料组成，工作物质发生相变时其外形保持固体形态不变，此特性使其具有广阔的应用前景。从近年定形复合相变材料的合成发展状况来看，主要制备方法可大致归为吸附法、熔融共混法、微胶囊法、溶胶－凝胶法、插层法、烧结法和接枝法。

1.3.2　定形相变材料的制备方法

1.3.2.1　吸附法

吸附法是将多孔基体和相变材料采用浸泡法或混合法复合制备成定形相变材料。浸泡法是将由多孔材料制成的一定形状的物体浸泡在液体相变材料中，通过毛细管吸附作用制得定形相变材料。混合法是将载体材料与相变材料先混合，加工成一定形状的制品。王岐东等[44]分别以硬脂酸丁酯和 22 号石蜡为相变材料，聚乙烯醇（PVA）为分散剂，通过混合法制备了相变储能石膏板。郑立辉[45]、Athienitis[46]、冯国会[47]等也研究了以石膏板为载体的定形相变材料。对比发现，以有机类相变材料为工作物质，其质量分数不超过 30%，潜热较低，这是由于有机类相变材料的疏水性造成的；若以无机水合盐为工作物质，则因为载体材料和工作物质都是亲水性的，所以相容性较好，可以吸附更多的相变材料，但是由于无机水合盐对普通建筑材料具有腐蚀性，因此研究较少。

此外，多孔石墨及膨胀石墨有发达的三维网状孔型结构，较高的比表面积、表面活性和非极性，是用于制备定形相变材料的一种良好载体材料。张正国等[48]以膨胀石墨为基材、石蜡为相变材料，在 65℃通过混合法制备出石蜡/膨胀石墨定形相变材料。Li[49]、Wang[50]、Sari[51]、Xia[52]等都制备了以膨胀石墨为基材、石蜡或聚乙二醇（PEG）为相变材料的定形相变材料，研究将膨胀石墨和相变材料混合后，对相变材料的相变焓、相变温度和热导率的影响。通过研究发现，和相变材料相比，加入膨胀石墨后的定形相变材料的相变温度基本保持不变，相变焓随着膨胀石墨的量的增加而减少；膨胀石墨的加入，能大幅提高有机相变材料的热导率。

吸附法制备定形相变材料的工艺简单，成本低廉。相变材料在载体材料中处于随机分布状态，其间的传热是多维的，这会影响储/放热速率及对潜热的利用率。另外，在储热过程中，相变材料熔化时易从载体材料中渗出，同时芯层相变材料含量较低，整体的潜热不高。

1.3.2.2 熔融共混法

熔融共混法是利用工作物质和载体基质的相容性，熔融后混合在一起而成的复合储热材料。Ye[53]、Sarl[54]先后对石蜡 - 高密度聚乙烯熔融共混定形相变材料进行了研究。把石蜡和高密度聚乙烯的混合物加热到 140℃左右，当混合物全部熔化后，搅拌使其混合均匀，在空气中降温，高密度聚乙烯首先凝固并形成网状结构，石蜡被束缚在其中，就形成了均匀的石蜡 - 高密度聚乙烯的定形相变材料，其中石蜡的最高比例可达 77%。当石蜡发生相变时，聚乙烯仍为固态，聚乙烯三维网络结构对液态石蜡起到了限域作用，阻止了液态石蜡的渗出，但对石蜡的相变行为不会产生影响。Cai 等[55]在高密度聚乙烯 - 石蜡体系中添加自制的有机高岭土和膨胀阻燃剂，提高了复合相变材料的阻燃性。

Zhang 等[56]系统研究了在真空条件下粉碳灰陶粒（FL）、珍珠岩（PE）、超轻陶粒（SL）、超轻陶沙（SZ）和固 - 液相变材料的熔融共混法。PE、SL、SZ、FL 中的微孔所占的体积比分别为 80%、61%、58% 和 30%。由于对多孔介质进行了抽真空处理，与在大气环境的多孔吸附法相比，相变材料在 PE、SL、SZ、FL 中体积分数分别提高了 25、35、32、12 个百分点，达到了 66%、43%、41% 和 30%。

其他一些高分子材料，比如聚丙烯、聚苯乙烯等也可以与相变材料熔融共混形成定形相变材料。熔融共混法制备的定形相变材料，其主要成分都是有机物。熔融共混法的优点是方法简单、操作方便；缺点是容易发生相分离，相变材料易从载体的孔道中渗出。特别是有机相变材料和高分子聚合物共混时，当温度高于高分子聚合物的相变温度后，表现为固 - 液相变，不能保持形状的稳定，同时热导率低，硬度、强度等也相对较低，阻燃性差，不安全。

1.3.2.3 微胶囊法

将有机物或无机水合物等固 - 液相变材料，用微胶囊包封（Micro Encapsulation）技术分散为球形微小颗粒，再在表面包封形成核/壳结构的定形相变材料。Sarier 等[57] 以脲醛树脂为壁材，用原位聚合技术制备了 4 种微胶囊相变材料，芯材分别为癸烷、癸烷/PEG 混合物、正十六烷和正二十烷混合物、PEG 与十水碳酸钠及十六烷的混合物。Zou[58] 用界面聚合法合成了含有相变材料正十六烷的聚脲微胶囊。该复合相变材料到 300℃ 时，胶囊未破裂，50 次循环后储能容量不衰减。Haw lader 等[59] 将石蜡在 10000r/min 条件下乳化于 10% 的明胶溶液中，并与 10% 的阿拉伯胶溶液搅拌混合均匀，在 25000r/min 速度下以 20mL/min 的速度对混合溶液进行喷雾干燥，得到了粒径为 200nm 左右、石蜡的质量分数为 50% 的纳米胶囊。Zhang 等[60] 利用 O/W 微乳液制备了石蜡/二氧化硅胶囊复合材料，分析了石蜡和正硅酸乙酯的比例对胶囊的形成以及热性质、稳定性和热导率的影响。

该工艺成熟，原料易得，易于大规模生产。相变材料被封装在球形胶囊中，有效地解决了相变材料的液相渗漏、相分离及对容器的腐蚀性问题，提高了相变材料的使用范围。但是作为核心的固-液相变材料在相变前后体积变化高达 15%，反复的收缩和膨胀会降低使用寿命。因此对封装层的厚度和强度有较高的要求，这将增加微胶囊封装的成本。另外该类材料的热导率很低，在许多场合需加入导热剂，增加成本而降低储热容量和温度调控能力，这是另一个缺点。

1.3.2.4 溶胶-凝胶法

溶胶-凝胶法的反应条件温和，广泛用于纳米粉体、纳米薄膜、纳米纤维等材料的制备。该方法也是定形相变材料的主要制备方法之一。张静等[61] 以棕榈酸为相变储热材料、正硅酸乙酯为前躯体，采用溶胶-凝胶法反应制备了棕榈酸/二氧化硅纳米复合定形相变材料。二氧化硅具有较高的热导率，因此与纯棕榈酸相比，该复合相变储热材料的热导率和储能-释能速率明显提高。林怡辉等[62] 用同样的方法制备了硅胶/硬脂酸纳米复合相变材料，其相变焓可达 163.2J/g，相变温度约为 55.18℃。高喆等[63] 在初步实验室研究基础上，提出可采用共沉淀法制备氧化锆/硬脂酸系纳米复合定形相变材料。这类复合定形相变材料的储/放热能力和速率与二氧化硅/硬脂酸纳米复合材料的储/放热能力和速率相当，但前者的力学性能和耐高温性能明显优于后者，且实现工业化生产的可能性较大。

1.3.2.5 插层法

插层法是利用层状无机物作为主体，将有机相变材料作为客体插入到主体的层间，制得纳米复合相变材料。插层法根据其插入过程可分为三种：①原位插层法；②聚合物液相插层法；③聚合物熔融插层法。原位插层法是将单体插入到层状无机物中，引发聚合形成嵌入式复合材料，其原理如图 1.2 所示。单体加聚插层方式中涉及自由基的引发、键增长、链转移和链终止等自由基反应历程，自由基的活性受黏土层间阳离子、pH 值及杂质影响较大。聚合物插层法是将聚合物熔体或溶液与黏土混合，利用化学及热力学作用使黏土剥离成纳米尺度的片层并均匀分散在聚合物基体中。聚合物液相插层法是借助于溶剂聚合物大分子链在溶液扩散而插层进入无机物层间坑道，然后再挥发掉溶剂。这种方式需要聚合物和无机物能够同时溶于同种溶剂，且大量溶剂不易回收，环境污染严重。聚合物熔融插层法是将聚合物加热到其软化温度以上，在静止条件下或剪切力作用下直接插层进入无机物层间。

张翀等[64] 利用十六烷基-三甲基溴化铵嵌入到膨润土层间使膨润土得到改性，通过离子交换反应，使三羟基丙烷和新戊二醇嵌入到膨润土层间制得纳米复合相变材料。层状硅酸盐的夹层是一种受限体系，嵌入其间的新戊二醇和三羟基丙烷分子的运动受到阻滞，不易解

嵌出来，提高了其整体热性能与稳定性能。方晓
明等[65]采用液相插层法将硬脂酸插层到膨润土的
纳米层间制备纳米复合相变材料，该复合纳米相
变材料具有较高的结构和性能稳定性，比纯硬脂
酸有更高的导热性，其储/放热速率明显提高。蒋
长龙[66]对钠基和钙基蒙脱土进行有机改性后，将
脂肪酸、石蜡和多元醇引入蒙脱土层间结构中，

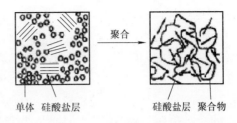

图 1.2　原位插层法的原理示意图

分别制备出相变材料与蒙脱土复合比例为 1.4∶1 ~ 2.5∶1 的定形相变材料，这种定形相变材
料的相变焓为 64.32 ~ 153.28J/g，相变温度为 40 ~ 60℃。

插层聚合方法能够获得趋于单一分散的纳米片层的复合材料，容易工业化生产，但不足
之处是可供选择的前驱体材料不多，仅限于蒙脱土、黏土等几种层状硅酸盐和具有典型的层
状结构无机化合物（石墨和金属氧化物等）。

1.3.2.6　烧结法

烧结法是将载体基质和相变材料球磨成直径小于几十微米的粉末，然后加入添加剂压制
成型，最后在电阻炉中烧结，从而得到储热材料。该种方法主要用于制备无机盐/陶瓷基复
合相变储热材料。这类复合相变材料在结构上是把相变材料和陶瓷基材料纯机械性地复合在
一起，相变材料的选择相当苛刻。一是要保证两者在高温下有良好的化学相容性和化学稳定
性；二是熔融盐与陶瓷体间要有较好的润湿性；三是相变材料有较高的相变潜热和在空气中
有较低的蒸汽压[67]。

该方法由于多用于高温相变材料，使用范围窄，近年国外研究已经较少。国内张仁元
等[68]成功制备了 $Na_2CO_3 - BaCO_3/MgO$、Na_2SO_4/SiO_2 两种无机盐/陶瓷基复合储热材料，
这种材料应用于高温工业炉，既能起到节能降耗的作用，又可减小蓄热室的体积，有利于设
备的微型化。

1.3.2.7　接枝法

采用接枝或交联的化学连接方法，将固 - 液相变材料与骨架材料连接在一起，制备成复
合相变材料，以起到阻止液体泄漏的作用。当温度达到固 - 液相变材料的熔点时，骨架材料
不发生任何变化，固 - 液相变材料的分子链段因与骨架材料发生化学连接，只能部分运动，
失去了流动性。在这类复合相变材料中，相变材料与骨架材料之间为化学作用，相变材料通
过化学键与骨架材料相连，相变过程中失去流动性。Sarı 等[69]合成了棕榈酸与聚苯乙烯的
共聚物相变材料，聚苯乙烯和棕榈酰氯生成共聚物相变材料的示意图如图 1.3 所示。在共聚
物相变材料的温度达到棕榈酸的熔点时，棕榈酸发生相变，但分子链一端通过化学键与聚苯
乙烯相连，聚苯乙烯不发生相变，因此，棕榈酸分子链只能部分运动，整个共聚物保持
固态。

这类固 - 固相变材料，影响相变焓和相变温度的主要因素是相变材料的相变焓和相变温
度，以及相变材料与骨架材料的比例。Pielichowska 等[70]以聚氧乙烯为相变材料，以纤维
素、羧甲基纤维素、醋酸纤维素和纤维素醚为骨架材料合成共聚物相变材料，相变材料/骨
架材料的值小于一定比例才能形成固 - 固相变材料。Li[42]等通过缩合反应，制备了 PEG/4,
4′二苯甲烷二异氰酸酯/季戊四醇交联固 - 固相变材料，其相变焓为 159.97J/g，结晶度为
81.76%，相变开始温度为 58.68℃，与 PEG 的 59.43℃接近。Shi 等[71]合成了不同接枝率

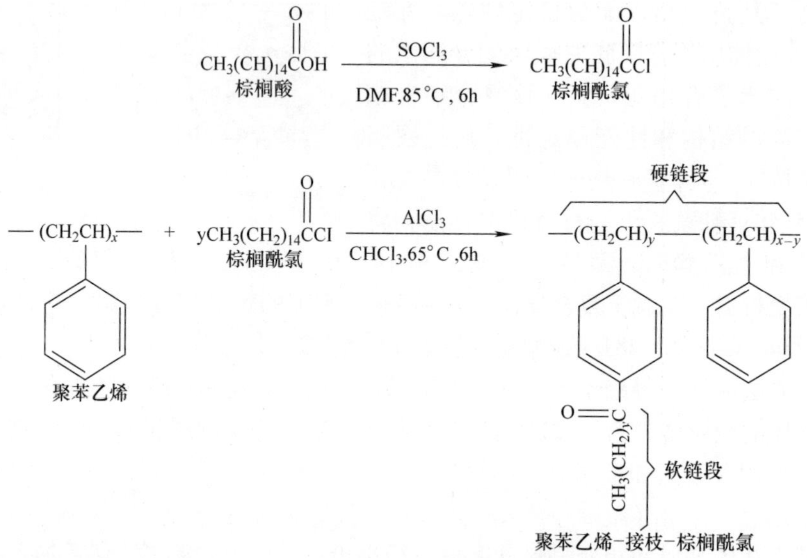

图 1.3　共聚物相变材料的合成机理

的聚乙烯醇 - g - 十八烷醇的固 - 固相变材料，当接枝率从 283% 增加到 503% 时，相变焓从 40J/g 增加到 63J/g。PEG 的相变焓大、相变温度适宜，且其分子链上有较多羟基基团，易于与超支化聚氨酯共聚物[72]、二乙酸纤维素[43] 等有机骨架材料通过接枝、交联等缩合反应生成固 - 固相变材料，甚至还可以和二氧化硅颗粒[73] 反应生成固 - 固相变材料。

由于在固 - 固相变材料中，相变材料与骨架材料之间是通过化学键连接的，这种相互作用远强于定形相变材料中氢键和表面吸附等物理相互作用，因此，固 - 固相变材料的热稳定性相对于纯相变材料有所提高，其热重分析（TGA）曲线与骨架材料的 TGA 曲线类似，其分解温度比纯相变材料的分解温度高，这与定形相变材料中相变材料的分解温度和纯相变材料的分解温度一致不同。PEG/4,4′二苯甲烷二异氰酸酯/季戊四醇共聚物相变材料的分解温度高于纯 PEG 的分解温度[42]。同样，聚乙烯醇 - g - 十八烷醇共聚物相变材料的热稳定性也高于十八烷醇，甚至还高于聚乙烯醇的分解温度，如图 1.4 所示。聚乙烯醇 - g - 十八烷醇共聚物相变材料的分解温度高于聚乙烯醇，可能是由于甲苯二异氰酸酯引入到共聚物中，改变了聚乙烯醇的结构，同时也改变了十八烷醇分子链接枝到聚乙烯醇上的方式，更为确切的原因还有待进一步证实。

采用接枝法制备的相变材料，具有热稳定性优良、材料储能效果好、便于加工、使用安全等优点，有很大的实际应用价值，是目前相变材料研究中的一大热点。

1.3.3　三种常见的定形相变材料

目前报道的定形相变材料主要有三类，即微胶囊型定形相变材料、聚合物基定形相变材料和多孔材料基定形相变材料。

1.3.3.1　微胶囊型定形相变材料

微胶囊型定形相变材料是以相变材料为芯材，有机聚合物或无机材料为壳层组成的胶囊结构材料。Zhang 等[74] 利用原位聚合法以尿素 - 三聚氰胺 - 甲醛为壳层，分别以十八烷、十九烷、二十烷为芯材制备了微胶囊相变材料，固 - 液相变材料在微胶囊复合材料中的质量

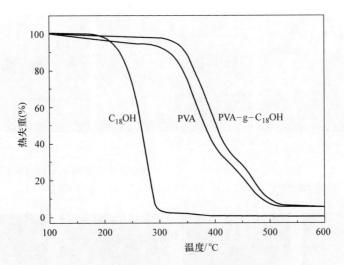

图 1.4 十八烷醇（$C_{18}OH$）、聚乙烯醇（PVA）和
聚乙烯醇 – g – 十八烷醇共聚物（PVA – g – $C_{18}OH$）的热稳定性对比

分数为 70% 时在熔点以上受热仍无泄漏发生，熔化热分别为 167J/g、233J/g 和 172J/g；Li[75] 和 Zhang[76] 等也以原位聚合法制备了十八烷/三聚氰胺 – 甲醛微胶囊相变材料，十八烷在复合材料中的质量分数分别为 59% 和 70%，相应的熔化热为 144J/g 和 169J/g；Fang 等[77] 用加入间苯二酚改善特性的尿素和甲醛的聚合物作壳层，十四烷为芯材，得到的微胶囊复合相变材料在间苯二酚的量达到 5% 时封装的十四烷可达 60%，此时熔化潜热为 134J/g；虽然此方法制备的系列微胶囊相变材料所含固 – 液相变材料的质量分数较高，熔化热较大，但是壳层所用的甲醛对环境和人体健康均有危害。Alkan 等利用乳业聚合法以聚甲基丙烯酸甲酯为壳层，二十烷[78] 和甘二烷[79] 为芯材制备的微胶囊相变材料中，核相变材料的质量分数仅为 35% 和 28%，因此熔化潜热较低（84.2J/g 和 54.6J/g）。Lan、Zou、Liang 等利用界面聚合法以聚脲为壳层，二十烷[80]、十六烷[81]、硬脂酸丁酯[82] 为芯材制备的微胶囊相变材料虽然芯材所含的相变材料并不太低（质量分数为 75% 和 66%），但是熔化热却不高（55.5J/g、66.1J/g、76.3J/g）。上述三种聚合方法在有机聚合物为壳层的微胶囊相变材料的制备中比较常用，但是工艺相对复杂，由于高分子材料本身具有很低的热导率，所以复合后反而加剧了相变材料低导热性能的问题。以无机材料为壳层的微胶囊相变材料目前报道的主要是以溶胶 – 凝胶法制备的 SiO_2 为壳的材料，Fang 等[83] 制备的石蜡/SiO_2 微胶囊相变材料中石蜡的质量分数达 87.5%，熔化潜热为 166J/g，SiO_2 壳层改善了相变材料的热稳定性，但是从扫描电镜（SEM）看，SiO_2 壳的外部附着有石蜡（见图 1.5），因此得到的潜热最大值存在一定偏差；Zhang 等[60] 报道了十八烷/SiO_2 微胶囊相变材料，研究表明 SiO_2 壳层提高了材料的热导和相变性能，但是从 SEM 看有一些胶囊破裂（见图 1.6），降低了复合体系的储热能量。微胶囊技术的应用可以在一定范围内解决固 – 液相变材料相变过程中的液态流动问题，但是有机壳层和无机壳层的微胶囊相变材料如上所述还存在一些不同的问题，解决这些问题将促进微胶囊相变材料的实际应用并扩大应用领域。

1.3.3.2 聚合物基定形相变材料

聚合物基定形相变材料是将高分子材料与相变储热材料进行共混熔融，高分子材料形成

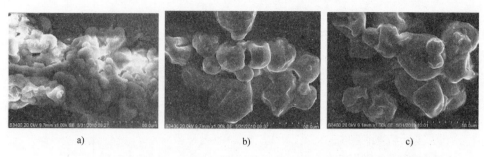

图1.5 参考文献［83］制备的二氧化硅微胶囊相变材料的扫描电镜图片

a) MEPCM1 (1k×)　b) MEPCM2 (1k×)　c) MEPCM3 (1k×)

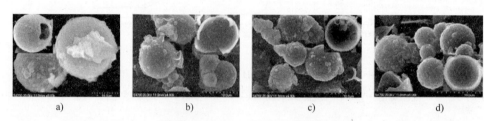

图1.6 参考文献［60］在不同的十八烷/正硅酸乙酯质量比和pH值下制备的二氧化硅微
胶囊相变材料的扫描电镜图片

a) 70/30, pH值为2.26　b) 70/30, pH值为2.45

c) 60/40, pH值为2.45　d) 50/50, pH值为2.45

网络结构将相变材料包裹在其内[84]。已报道的高分子材料有高密度聚乙烯（HDPE）、聚丙烯（PP）、聚苯乙烯（PS）、苯乙烯共聚物（SBS）、丙烯腈 – 丁二烯 – 苯乙烯共聚物（ABS）、聚脲、聚酯、聚碳酸盐、聚甲基丙烯酸、聚缩醛、苯乙烯、硅橡胶等。

　　Hong 等以石蜡作为有机物相变储热材料，并将石蜡与熔点较高的高密度聚乙烯（HDPE）在高于它们的熔点下进行熔融共混，然后降温至高密度聚乙烯熔点之下，高密度聚乙烯先凝固并形成空间网状结构，液态的石蜡则被束缚在其中，形成定形相变材料。Sari 等以两种石蜡（熔点分别为42～44℃和56～58℃）为相变材料，与 HDPE 熔融共混制备了两种定形相变材料，通过研究发现：在各个定形相变材料中，石蜡分子嵌入 HDPE 形成的高分子网络中，并且当石蜡的质量分数为77%时，样品在石蜡处于熔融状态时仍保持固态且无石蜡泄漏现象，不过相关文献中并没有对样品的定形效果进行详细描述，以及在高于石蜡熔点多少度温度范围内样品无泄漏现象。Ye 等[53]制备了高密度聚乙烯/石蜡定形复合体系并分析了其热稳定性。Sari 等[54]制备的定形高密度聚乙烯/石蜡复合材料，石蜡的质量分数达77%，相变潜热最高为162.2J/g。Xiao 等[85]分别以 ABS 和 SBS 作为基材制得了定形相变储热材料，石蜡的质量分数可达80%，确定了该复合材料在熔融和凝固过程中的热性能。Cai 等[55]在高密度聚乙烯/石蜡体系中添加了有机化高岭土（OMT）和膨胀型阻燃剂（IFR），用双螺杆挤出法制备了一种定形相变材料，研究表明 OMT 和 IFR 的加入对高密度聚乙烯/石蜡体系的三维网状结构和潜热没有影响，两者的协同作用可降低释热速率，从而提高复合材料的阻燃性。胡大为等[86]以固体石蜡和液体石蜡进行复配制得低熔点石蜡，采用十二烷基苯磺酸钠（SDBS）作为表面活性剂，将水分散于低熔点石蜡中，然后加入环氧树脂，制得含水型树脂基定形相变材料。罗超云等[87]用乙烯 – 辛烯共聚物（POE）、乙烯-醋酸乙烯共聚物（EVA）作为包覆材料，石蜡作为相变材料，采用热熔法制备了定形相变材料，石蜡的质量分数为 60%，测试定形相变材料的稳定性表明，质量损失率很小均不超过 1%，实现了包覆材料对相变材料的定形作用。

与有机壳层的微胶囊型相变材料一样，聚合物基定形相变材料中作为包覆材料的高分子材料具有较差的导热性，虽然能解决固-液相变材料的液态流动性问题，但是仍然没有很好地解决相变材料存在的低导热性问题。因此如何制备出同时具有高的热导率、大的储热密度且性能稳定的新型定形相变储热材料，已成为现今储热技术工程应用的关键所在。

1.3.3.3 多孔材料基定形相变材料

多孔材料具有高的比表面积、丰富的孔结构、独特的吸附性能和优良的热稳定性，因而常被用作催化剂载体。相比于在催化和吸附领域已经开展的大量研究工作，其在相变体系的应用仍然十分有限。将多孔材料与固-液相变材料进行复合，在多孔材料的吸附作用下可解决相变材料固-液相变过程中的液态流动问题。若这种材料再具有较高的热导率，还可以提高相变材料的热导率。

这类材料常用的相变物质为有机固-液相变材料，其中，石蜡和 PEG 研究最为广泛。石蜡具有相变温度范围广、热循环性较好、相变体积变化小、价格便宜和无腐蚀性等特点，但存在热导率低、与容器的相容性差、易燃、液相渗漏的缺点；PEG 具有可选择相变温度范围宽（从几摄氏度到几十摄氏度）、相变温度适宜（3.2 ~ 68.7℃）、潜热大、无过冷及析出、蒸汽压低、化学稳定性好、无毒、无腐蚀性、成本低的优点，相比于石蜡，PEG 化学相容性和稳定性更好，不存在易燃、与容器相容性差的问题，因此成为最具潜力和近几年研究较多的有机固-液相变材料。

已报道的多孔基体有多孔金属[88]、泡沫炭[89-92]、二氧化硅[93-98]、膨胀石墨[99-103]、活性炭[104]、石墨烯[105,106]、碳纳米管[107-109]、有序介孔材料[110,111]、硅藻土[112] 等。徐伟强等[88]制备了由孔隙率 95% 的泡沫镍和 60# 石蜡组成的定形相变材料，热导率较石蜡有极大提高，但是金属多孔材料的复合也明显增加了储热系统的重量和体积，使储热系统的储热密度显著降低。而多孔石墨具有低密度、高热导率等显著优点，且与很多材料具有良好的相容性，因此将多孔石墨作为定形复合相变材料的基体引起人们极大的研究兴趣。Py 等[99]用石蜡和压缩膨胀天然石墨制备了定形复合相变材料，石蜡的质量分数为 65% ~ 95%，复合材料的热导率较石蜡的有显著提高。Sari 等[51]对石蜡/膨胀石墨复合相变储热材料的热存储稳定性能进行了研究，结果表明，即使膨胀石墨的质量分数仅为 10% 时，相变过程中复合相变储热材料仍保持定形，无液体渗漏。赵建国等[100]研究了 PEG/膨胀石墨和石蜡/膨胀石墨相变储能复合材料的性能，结果表明，膨胀石墨的多孔结构对相变材料有很好的吸附性能，PEG 及石蜡在固-液相变时未见有液态物质渗出。Zhang 等[101]制备了石蜡/膨胀石墨定形相变储热材料，结果表明，石蜡与膨胀石墨复合没有形成新物质，复合材料的潜热与复合材料中石蜡质量分数的对应值相当。Alrashdan 等[102]制备了石蜡/膨胀石墨复合相变储热材料，并研究了其热-机械性能，结果表明，室温下复合材料的拉伸和压缩强度随石蜡质量分数的增加而提高，但在较高温度下复合材料的拉伸和压缩强度下降。Mesalhy 等[90]制备了 4 种石蜡/泡沫炭复合相变储热材料，复合材料的热导率分别为 0.98W/(m·K)、0.70W/(m·K)、12W/(m·K)和14W/(m·K)，较单一的石蜡具有高的热导率。Zhong 等[92]利用中间相沥青基泡沫石墨作为多孔基体制备了复合相变储热材料，并对复合材料的热－机械性能进行了研究，结果表明与纯石蜡相比，复合材料的热扩散率大大提高。Chapotard[113]和 Ahmed[114]等在多孔载体担载石蜡相变材料的初步研究中，发现多孔基体的平均孔径是影响储热能力和定形性的关键因素：若基体的孔尺寸太小，相变材料分子的活动受限，从而影响潜热存储能力；若孔尺寸太大，将没有足够的毛细力把持液态石蜡，从而影响定形性，所以认为中孔尺寸的基体对于定形相变材料较优。

1.3.4 复合相变材料的热导率

为了提高复合相变材料的储能与释能的速率，将具有高热导率的材料作为添加剂，加入到固－液相变材料中，能有效提高复合相变材料的热导率。将具有高热导率的金属纳米颗粒作为添加剂，加入到热导率较低的材料中，能够有效地提高复合体系的热导率。Choi[115]、Khodadadi[116]等将金属纳米颗粒加入到传热流体中，以提高流体的传热速率。Wang 等[117]和 Motahar 等[118]分别研究了石蜡/TiO_2纳米颗粒和正十八烷/TiO_2纳米颗粒的复合储热体系的热导率。在固态时，复合储热体系的热导率随着 TiO_2添加量的增加而提高；但是当 TiO_2的质量分数超过3%后，复合储热体系的热导率又逐渐降低。Parkd 等[119]将磁性 Fe_3O_4纳米颗粒加入到石蜡/聚脲胶囊相变材料中，胶囊相变材料的热导率随着纳米颗粒质量分数的增加而增加，如图 1.7 所示。金属及其氧化物的纳米颗粒作为添加剂，能够显著提高相变材料的热导率，但是同时将不可避免地降低复合相变材料的储热密度。

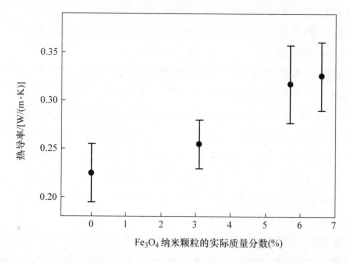

图 1.7　不同质量分数的 Fe_3O_4纳米颗粒的复合胶囊相变材料的热导率

具有高热导率的纳米线也是一类能有效提高相变材料热导率的添加剂。Elgafy 和 Lafdi 等[114]将石墨纤维分散到石蜡中，当石墨纤维的质量分数为 4% 时，相变材料的热导率从 0.24W/(m·K)增加到 0.33W/(m·K)。Wang 等[120]将碳纳米管（2%）添加到石蜡中，相变材料的热导率提高了 35%。Frusteri 等[121]将碳纤维和碳纳米添加到 $Mg(NO_3)_2$·$6H_2O$ － $MgCl_2$·$6H_2O$ － NH_4NO_3组成的共晶相变材料中，相变材料的热导率随着碳纤维质量分数的增加而线性增加，如图 1.8 所示。

具有高热导率的片状材料，也是用以提高相变材料热导率的添加剂，如膨胀石墨、石墨片、石墨烯等。Xiao 等[122]将石蜡与苯乙烯－丁二烯－苯乙烯三嵌段共聚物复合，石蜡浸入

三嵌段共聚物的网络结构中，将复合同时化学
剥离后的石墨片作为添加剂也一并嵌入其中。
复合相变材料在相变过程中保持固态，避免了
液相渗漏，相变熔达到石蜡的 80%，同时增
加了复合相变材料的热导率。Kim 等[123]也采
用化学剥离后的石墨片作为添加剂，分散到石
蜡中，当石墨片的质量分数为 7% 时，相变材
料的热导率从 0.26W/(m·K) 增加到 0.8W/
(m·K)；同时，石蜡/石墨片复合相变材料
的相变熔与石蜡的相变熔相当，并没有明显的
下降。Karaipekli 等[84]以硬脂酸为相变材料、
膨胀石墨为基体材料合成复合相变材料；当膨
胀石墨的质量分数为 10% 时，复合相变材料
的热导率增加到 1.0998W/(m·K)，而纯硬
脂酸的热导率仅为 0.30W/(m·K)，增加了
266.6%。Sari 等[124]采用棕榈酸为相变材料、
膨胀石墨为基体材料，制备复合相变材料。当
膨胀石墨的质量分数达到 20% 时，棕榈酸/膨
胀石墨复合相变材料在相变过程中无液相渗漏

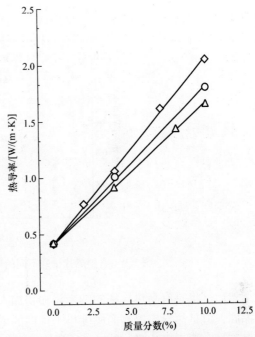

图 1.8 不同长度的碳纤维添加剂的复合材料的
热导率。（◇）微碳纤维；（△）长度为 3mm
的碳纤维；（○）长度为 6mm 的碳纤维

发生，其相变熔为 148.36J/g；同时，复合相变材料的热导率也提高到了 0.60W/(m·K)，
与纯棕榈酸(0.17W/(m·K))相比增加了 2.5 倍。除了使用化学剥离后的石墨片和膨胀石
墨作为添加剂以提高相变材料的热导率，Liang 等[125]通过用聚二甲硅氧烷（PDMS）进行表
面修饰，将石墨烯覆盖在泡沫镍表面，得到石墨烯 - 泡沫镍（即 PDMS - G - NF 多孔材
料）。再将 PDMS - G - NF 多孔材料与棕榈酸（PA）复合得到 PA/PDMS - G - NF 复合相变
材料。在相变过程中，PDMS - G - NF 多孔材料能有效地吸附熔化后的 PA，阻止液相渗漏，
相变熔最高可达到 123.41J/g。在复合相变材料中，PDMS - G - NF 多孔材料的三维骨架起
着传热通道的作用，当棕榈酸的质量分数为 59.02% 时，复合相变材料的热导率增加到
2.262W/(m·K)，与纯棕榈酸(0.162W/(m·K))相比，增加了 14 倍。

　　在相变材料中加入具有较高热导率的添加剂，复合相变材料热导率除了受到添加剂热导
率的影响，还受添加剂的尺寸、含量以及添加剂与相变材料的界面热阻的影响。Fan 等[126]
将聚甲基丙烯酸甲酯（PMMA）与石墨烯气凝胶（GA）复合，制备 PMMA/GA 复合相变材
料，当 GA 的体积分数为 2.50% 时，PMMA/GA 复合相变材料的热导率增加到 GA 的热导率
的 3.5 倍，达到 0.70W/(m·K)。通过模拟计算有效热导率，比较与石墨烯片不同方向的
热导率，如图 1.9 所示。当添加剂含量相同，根据有效介质理论（EMT）计算的有效热导
率最大，石墨烯片平行排列的样品的热导率次之，石墨烯片垂直排列的样品的热导率最小，
石墨烯片随机分布的样品的热导率介于两者之间。石墨烯气凝胶中，石墨烯片随机排列，
PMMA/GA 复合样品的热导率与石墨烯片随机分布的热导率计算值一致。Py 等[127]将天然石
墨制备出膨胀石墨后再压缩，得到压缩膨胀石墨（CENG），再将石蜡与 CENG 复合得到复
合相变材料。在 CENG 中，石墨片都平行排列，复合样品的热导率在不同方向上呈现各向

异性。

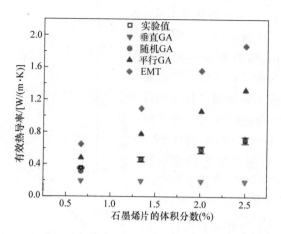

图1.9　石墨烯片排列不同的样品的热导率的计算值及实验值

　　然而，将具有高热导率的纳米添加物加入到有机相变材料中，虽然储热体系的热导率有所提高，但是热导率提高的幅度小于预期的增长幅度。这主要是因为在相变材料与基体材料的界面处存在界面热阻，阻碍了储热体系在储能与释能过程中的热传导。

　　Luo 等[128]也利用分子动力学模拟发现，复合体系中界面相互作用的强度对界面热阻有重要影响，界面相互作用越强，复合体系中界面热阻也就越大。Konatham 等[129]也利用分子动力学模拟发现，通过对基体材料进行表面处理，在基体材料的表面修饰不同的官能团，能够改变定形相变储热体系的传热性能。同样，有研究通过分子动力学模拟发现，石墨烯与石墨烯氧化物作为添加剂分别加入到石蜡相变材料中，两者都能有效提高复合储热体系的热导率。与纯石蜡相比，石蜡/石墨烯氧化物复合储热材料体系热导率的增大幅度大于石蜡/石墨烯复合储热材料体系热导率的增大幅度[130]。上述分子动力学模拟结果均表明，通过对基体材料进行表面处理，用不同的官能团修饰基体材料，可以改变定形相变材料中相变材料与基体材料的界面相互作用，进而改变复合储热材料的界面热阻，实现调控定形相变材料复合体系的热导率。

　　碳纳米管具有独特的热传导性能，在复合物中耦合渗透的体积分数阈值低于1%，成为研究的热点。Biercuk 等[131]采用电传导方法进行了测试，结果表明碳纳米管在体积分数达到0.2%时就可以在母体材料中构建成一个通联的网络，起到传热的作用。然而，在聚合物中加入碳纳米管，通过实验测得的热导率仅比纯聚合物的热导率有小幅度提高。理论与实验结果的差异表明，碳纳米管添加物与聚合物母体材料较差的耦合，导致了复合物的热导率远低于预期的热导率。

　　综上所述，国内外研究人员已开展利用高热导率的添加剂提高相变材料的热导率的研究，主要集中在添加剂的选择，以及对复合相变材料的制备和导热性能测试方面。对于复合相变材料中热传导理论研究还不充分，特别是复合材料中工作物质（有机固－液相变材料）的分子结晶态、主客体界面物理化学特征与其热传导特性的内在联系，复合体系的热传导特性等问题还有待进一步研究。此外，研究一般集中于选择高热导率的添加剂以提高复合相变材料的热导率，对于如何调控主客体界面物理化学特征以降低界面热阻有待进一步研究，以进一步提高复合相变的热导率。

参 考 文 献

[1] FAIRD, KHUDHAIR, RAZACK, et al. A review on phase change energy storage: materials and applications [J]. Energy Conversion and Management, 2004, 45: 1597 – 1615.

[2] 陈爱英，汪学英，曹学增. 相变储能材料的研究进展与应用 [J]. 材料导报，2003，17 (5): 11 – 15.

[3] TELKES. Thermal storage for solar heating and cooling [M]. In: Proceedings of the workshop on solar energy storage sub – systems for heating and cooling of buildings. University of Virginia, Charlottesville, 1975.

[4] CHARLSSON, STYMME, WATTERMARK. An incongruent heat of fusion system CaCl$_2$. 6H$_2$O made congruent through modification of chemical composition of the system [J]. Solar Energy, 1979, 23: 333 – 350.

[5] ALEXIADES, SOLOMON. Mathematical modeling of melting and freezing process. Washington [M]. DC: Hemisphere Publishing Corporation, 1992.

[6] LANE. Macro – encapsulation of PCM [M]. Report no. ORO/5117 – 8. Midland, Michigan: Dow Chemical Company, 1978: 152.

[7] LANE, ROSSOW. Encapsulation of heat of fusion storage materials [M]. In: Proceedings of the second south eastern conference on application of solar energy, 1976: 442 – 455.

[8] BISWAS. Thermal storage using sodium sulfate decahydrate and water [J]. Solar Energy, 1977, 99: 99 – 100.

[9] HALE, HOOVER, O' NEILL. Phase change materials hand book [M]. Alabaa: Marshal Space Flight Center, 1971.

[10] ABHAT. Development of a modular heat exchanger with an integrated latent heat storage [M]. Report no. BM-FT FBT 81 – 050. Germany Ministry of Science and Technology Bonn, 1981.

[11] BUDDHI, SAWHNEY. In: Proceedings on thermal energy storage and energy conversion, 1994.

[12] TUNCBILEK, SARI, TARHAN, et al. Lauric and palmitic acids eutectic mixture as latent heat storage material for low temperature heating applications [J]. Energy, 2005, 30: 677 – 692.

[13] SARL. Eutectic mixtures of fatty acids for low temperature solar heating applications: Thermal properties and thermal reliability [J]. Applied Thermal engineering, 2005, 25: 2100 – 2107.

[14] LANE. Glew Heat of fusion system for solar energy storage. In: Proceedings of the workshop on solar energy storage subsystems for the heating and cooling of buildings [M]. Virginia: Charlothensville, 1975: 43 – 55.

[15] HERRICK, GOLIBERSUCH. Quantitative behavior of a new latent heat storage device for solar heating/cooling systems [M]. In: General International Solar Energy Society Conference, 1978.

[16] BENSON, BURROWS, WEBB. Solid state phase transitions in pentacrythritol and related polyhydric alcohols [J]. Solar Energy Materials, 1986, 13: 133 – 152.

[17] SARI, SARI, ÖNAL. Thermal properties and thermal reliability of eutectie mixtures of some fatty acids as latent heat storage materials [J]. Energy Conversion and Management, 2004, 45: 365 – 376.

[18] SARI. Eutectic mixtures of some fatty acids for low temperature solar heating applications: thermal properties and thermal reliability [J]. Applied Thermal Engineering, 2005, 25: 2100 – 2107.

[19] SARI, KAYGUSUZ. Thermal energy storage characteristics of myristic and stearic acids eutectic mixture for low temperature heating applications [J]. Chinese Journal of Chemical Engineering, 2006, 14: 270 – 275.

[20] 张寅平，胡汉平，孔祥冬，等. 相变储能：理论与应用 [M]. 合肥：中国科学技术大学出版社，1996.

[21] BUSICO, CORRADINI, VACATELLO, et al. Solid – solid phase transition for thermal energy storage [J]. Thermal storage of solar energy, 1981: 309 – 324.

[22] BUSICO, CARFAGNA, SALERNO, et al. The layer Perovskites As Thermal Energy Storage System [J].

Solar Energy, 1980, 24: 575 –579.

[23] 阮德水, 张太平, 张道圣, 等. 相变贮热材料的 DSC 研究 [J]. 太阳能学报, 1994, 15 (1): 19 –24.

[24] 阮德水, 张道圣, 张太平, 等. 固 –固相变贮热的研究——四氯合金属 (II) 酸正十烷铵 [J]. 华中师范大学学报: 自然科学版, 1995, 29 (2): 193 –196.

[25] 张道圣, 阮德水, 张太平, 等. 四氯合金属 [Mn (II)、Co (II)] 酸正十烷铵固 –固相变的研究 [J]. 华中师范大学学报: 自然科学版, 1994, 28 (1): 59 –62.

[26] 武克忠, 张建军, 张建玲, 等. 硫氰化铵相变储能的动力学研究 [J]. 化学研究与应用, 2000, 12 (1): 13 –16.

[27] LI, WU. Determinate Mechanism of Solid – Solid Phase Transitions in Ammonium Thiocyanate for Infrared Spectra at Various Temperatures [J]. Chenical Research, 2000, 11 (3): 356 –371.

[28] 陈伟柯, 陈伟琳, 赵力, 等. 小型畜冷空调系统的实验研究 [J]. 天津理工学院学报, 1999, 15 (2): 70 –74.

[29] 皮启铎. 太阳池水合盐相变贮热的探讨 [J]. 太阳能学报, 1994, 15 (1): 88 –92.

[30] 樊耀峰, 张兴祥. 有机固 –固相变材料的研究进展 [J]. 材料导报, 2003, 17: 9 –13.

[31] SARI. Thermal characteristics of a eutectic mixture of myristic and palmitic acids as phase change material for heating applications [J]. Applied Thermal Engineering, 2003, 23: 1005 –1017.

[32] SHARMA, IWATA, KITANO, et al. Thermal performance of a solar cooker based on an avacuated tube solar collector with a PCM storage unit [J]. Solar Energy, 2005, 78: 416 –426.

[33] 杜震宇, 向东. 浅析相变材料储能在空调中的应用前景 [J]. 山西建筑, 2002, 28 (4): 22 –24.

[34] 郭茶秀, 陈俊. 相变材料的研究与应用新进展 [J]. 河南化工, 2006, 23 (6): 40 –43.

[35] 崔海亭, 袁修干, 侯欣宾. 高温固液相变储热容器的研究与进展 [J]. 太阳能学报, 2002, 23 (3): 383 –386.

[36] SHIINA, INAGAKI. Study on the efficiency of effective thermal conductivities on melting characteristics of latent heat storage capsules [J]. International Journal of Heat and Mass Transfer, 2005, 48: 373 –383.

[37] 张富丽. 相变材料及其在纺织品上的应用 [J]. 上海纺织科技, 2003, 31 (1): 35 –39.

[38] 万红, 孙诗兵, 田英良, 等. 相变建筑节能材料的应用研究与思考 [J]. 墙材革新与建筑节能, 2005, 7: 6 –9.

[39] 王永川, 陈光明, 张海峰, 等. 相变储能材料及其实际应用 [J]. 热力发电, 2004, 11: 35 –37.

[40] 金政伟. 高分子相变材料在二氧化硅纳米孔中相变行为研究 [D]. 延边: 延边大学, 2004.

[41] SHARMA, IWATA, KITANO, et al. Thermal performances of a solar cooker based on an evacuated tube solar collector with a PCM storage unit [J]. Solar Energy, 2005, 78: 416 –426.

[42] LI. Ding Preparation and characterization of cross – linking PEG/MDI/PE copolymer as solid – solid phase change heat storage material [J]. Solar Energy Materials and Solar Cells, 2007, 91: 764 –768.

[43] JIANG, DING, LI. Study on transition characteristics of PEG/CDA solid – solid phase change materials [J]. Polymer, 2002, 43: 117 –122.

[44] 王岐东, 董黎明, 代一心, 等. 两种相变材料储能石膏板的实验研究 [J]. 北京工商大学学报: 自然科学版, 2005, 23 (5): 4 –7.

[45] 郑立辉, 宋光森, 韦一良, 等. 石膏载体定形相变材料的制备及其热性能 [J]. 新型建筑材料, 2006, (1): 49 –50.

[46] ATHIENITIS, LIU, HAWES, et al. Investigation of the thermal performance of a passive solar test – room with wall latent heat storage [J]. Building and Environment, 1997, 32 (5): 405 –410.

[47] 冯国会, 胡俊生, 吕石磊, 等. 含脂酸类相变材料的相变墙板热特性分析 [J]. 沈阳建筑大学学报: 自然科学版, 2005, 21 (5): 523 –526.

［48］张正国，邵刚，方晓明. 石蜡/膨胀石墨复合相变储热材料的研究［J］. 太阳能学报，2005，26（5）：698－702.

［49］LI，LIU，FANG. Synthesis and characteristics of form – stable n – octadecane/expanded graphite composite phase change materials［J］. Applied Physics A，2010，100，（4），1143－1148.

［50］WANG，YANG，FANG，et al. Preparation and thermal properties of polyethylene glycol/expanded graphite blends for energy storage［J］. Applied Energy，2009，86（9）：1479－1483.

［51］SARI，KARAIPEKLI. Thermal conductivity and latent heat thermal energy storage characteristics of paraffin/expanded graphite composite as phase change material［J］. Applied Thermal Engineering，2007，27（8－9）：1271－1277.

［52］XIA，ZHANG，WANG. Preparation and thermal characterization of expanded graphite/paraffin composite phase change material［J］. Carbon，2010，48（9）：2538－2548.

［53］YE，GE. Preparation of polyethylene – paraffin compound as a form – stable solid – liquid phase change material［J］. Solar Energy Materials & Solar Cells，2000，64（1）：37－44.

［54］SARI. Form – stable paraffin/high density polyethylene composites as solid – liquid phase change material for thermal energy storage：preparation and thermal properties［J］. Energy Conversion and Management，2004，45：2033－2042.

［55］CAI，HU，SONG，et al. Preparation and flammability of high density polyethylene/paraffin/organophilic montmorillonite hybrids as a shape stabilized phase change material［J］. Energy Conversion and Management，2007，48（2）：462－469.

［56］ZHANG，ZHOU，WU，et al. Granular phase changing composites for thermal energy storage［J］. Solar Energy，2005，78：471－480.

［57］SARIER，ONDER. The manufacture of microencapsulated phase change materials suitable for the design of thermally enhanced fabrics［J］. Thermochimica Acta，2007，452（2）：149－160.

［58］ZOU，LAN，TAN，et al. Microencapsulation of n – Hexadecane as a Phase Change Material in Polyurea［J］. Acta Physico – Chimica Sinica，2004，20（1）：90－93.

［59］HAWLADER，UDDIN，KHIN. Microencapsulated PCM thermal – energy storage system［J］. Applied Energy，2003，74（1－2）：195－202.

［60］ZHANG，WANG，WU. Silica encapsulation of n – octadecane via sol – gel process：Anovel microencapsulated phase – change material with enhanced thermal conductivity and performance［J］. Journal of Colloid and Interface Science，2010，343（1）：246－255.

［61］张静，丁益民，陈念贻. 以棕榈酸为基的复合相变材料的制备和表征［J］. 盐湖研究，2006，14（1）：9－13.

［62］林怡辉，张正国，王世平. 硬脂酸—二氧化硅复合相变材料的制备［J］. 广州化工，2002，30（1）：18－21.

［63］高喆，艾德生，赵昆，等. ZrO_2 – 硬脂酸系纳米复合相变储能材料的可行性研究［J］. 中国粉体技术，2007，（3）：32－35.

［64］张翀，陈中华，张正国. 有机/无机纳米复合相变储能材料的制备［J］. 高分子材料科学与工程，2001，17（5）：137－139，143.

［65］方晓明，张正国，文磊，等. 硬脂酸/膨润土纳米复合相变储热材料的制备、结构与性能［J］. 化工学报，2004，55（4）：678－681.

［66］蒋长龙. 有机/蒙脱土复合储能材料研究［D］. 合肥：合肥工业大学，2003.

［67］张兴雪，王华，王胜林，等. 一种新型高温复合相变储热材料的制备［J］. 昆明理工大学学报，2006，31（5）：37－40.

[68] 张仁元，柯秀芳，李爱菊. 无机盐/陶瓷基复合储能材料的研究 [J]. 材料研究学报，2000, 4 (6)：652 – 656.

[69] SAN, ALKAN, BICER, et al. Synthesis and thermal energy storage characteristics of polystyrene – graft – palmitic acid copolymers as solid – solid phase change materials [J]. Solar Energy Materials and Solar Cells 2011, 95, (12)：3195 – 3201.

[70] PIELICHOWSKA, PIELICHOWSKI. Biodegradable PEO/cellulose – based solid – solid phase change materials [J]. Polymers for Advanced Technologies, 2011, 22 (12)：1633 – 1641.

[71] SHI, LI, JIN, et al. Preparation and properties of poly (vinyl alcohol) – g – octadecanol copolymers based solid – solid phase change materials [J]. Materials Chemistry and Physics, 2011, 131 (1 – 2)：108 – 112.

[72] CAO, LIU. Hyperbranched polyurethane as novel solid – solid phase change material for thermal energy storage [J]. European Polymer Journal, 2006, 42 (11)：2931 – 2939.

[73] OH, DOKI, et al. Preparation of PEG – grafted silica particles using emulsion method [J]. Materials Letters, 2005, 59 (8 – 9)：929 – 933.

[74] ZHANG, FAN, TAO, et al. Crystallization and prevention of supercooling of Microencapsulated n – alkanes [J]. Journal of Colloid and Interface Science, 2005, 281 (2)：299 – 306.

[75] LI, ZHANG, WANG, et al. Preparation and characterization of microencapsulated phase change material with low remnant formaldehyde content [J]. Materials Chemistry and Physics, 2007, 106 (2 – 3)：437 – 442.

[76] ZHANG, FAN, TAO, et al. Fabrication and properties of microcapsules and nanocapsules containing n – octadecane [J]. Materials Chemistry and Physics, 2004, 88 (2 – 3)：300 – 307.

[77] FANG, LI YANG, LIU, et al. Preparation and characterization of nano – encapsulated n – tetradecane as phase change material for thermal energy storage [J]. Chemical Engineering Journal, 2009, 153 (1 – 3)：217 – 221.

[78] ALKAN, SARI, KARAIPEKLI. Preparation, thermal properties and thermal reliability of microencapsulated n – eicosane as novel phase change material for thermal energy storage [J]. Energy Conversion and Management, 2011, 52 (1)：687 – 692.

[79] ALKAN, SAN, KARAIPEKLI, et al. Preparation, characterization, and thermal properties of microencapsulated phase change material for thermal energy storage [J]. Solar Energy Materials and Solar Cells, 2009, 93 (1)：143 – 147.

[80] LAN, TAN, ZOU, et al. Microencapsulation of n – eicosane as energy storage material [J]. Chinese Journal of Chemistry, 2004, 22 (5)：411 – 414.

[81] ZOU, TAN, LAN, et al. Preparation and characterization of microencapsulated hexadecane used for thermal energy storage [J]. Chinese Chemical Letters, 2004, 15 (6)：729 – 732.

[82] CHEN, XU, SHANG, et al. Microencapsulation of butyl stearate as a phase change material by interfacial polycondensation in a polyurea system [J]. Energy Conversion and Management, 2009, 50 (3)：723 – 729.

[83] FANG, CHEN, LI. Synthesis and properties of microencapsulated paraffin composites with SiO_2 shell as thermal energy storage materials [J]. Chemical Engineering Journal, 2010, 163 (1 – 2)：154 – 159.

[84] KARAIPEKLI, SARI, KAYGUSUZ. Thermal conductivity improvement of stearicacid using expanded graphite and carbon fiber for energy storage applications [J]. Renewable Energy, 2007, 32 (13)：2201 – 2210.

[85] XIAO FENG, GONG. Preparation and performance of shape stabilized phase change thermal storage materials with high thermal conductivity [J]. Energy Conversion and Management, 2002, 43 (1)：103 – 108.

[86] 胡大为，胡小芳，林丽莹. 环氧树脂基含水定形相变材料制 [J]. 合成材料老化与应用，2006, 35 (3)：12 – 15.

[87] 罗超云，林雪春，肖望东，等．不同聚烯烃包覆石蜡的定形相变材料性能比较研究 [J]．化工新型材料，2010，38（7）：100-102．

[88] 徐伟强，袁修干，李贞．泡沫金属基复合相变材料的有效导热系数研究 [J]．功能材料，2009，40（8）：1329-1332．

[89] 骆峰生．石蜡与赤藻糖醇填充石墨化泡沫炭复合储能材料的研究 [D]．哈尔滨：哈尔滨工业大学，2011．

[90] MESALHY, LAFDI, ELGAFY. Carbon foam matrices saturated with PCM for thermal protection purpose [J]. Carbon, 2006, 44 (10): 2080-2088.

[91] PY, OLIVES, MAURAN. Paraffin/porous - graphite - matrix composite as a high and constant power thermal storage material [J]. International Journal of Heat and Mass Transfer, 2001, 44 (14): 2727-2737.

[92] ZHONG, GUO, LI, et al. Heat transfer enhancement of paraffin wax using graphite foam for thermal energy storage [J]. Solar Energy Materials and Solar Cells, 2010, 94 (6): 1011-1014.

[93] YANG, FENG, WANG, et al. Confinement effect of SiO_2 framework on phase change of PEG in shape - stabilized PEG/SiO_2 composites [J]. European Polymer Journal, 2012, 48 : 803-810.

[94] TANG, CUI, WANG, et al. Facile synthesis and performances of PEG/SiO_2 composite form - stable phase change materials [J]. Solar Energy, 2013, 97: 484-492.

[95] HE LI ZHOU, et al. Phase change characteristics of shape - stabilized PEG/SiO_2 composites using calcium chloride - assisted and temperature - assisted sol gel methods [J]. Solar Energy, 2014, 103: 448-455.

[96] TANG, WU, QIU, et al. $PEG/SiO_2 - Al_2O_3$ hybrid form - stable phase change materials with enhanced thermal conductivity [J]. Materials Chemistry and Physics. 2014, 144: 162-167.

[97] LI, HE, LIU, et al. Preparation and characterization of PEG/SiO_2 composites as shape - stabilized phase change materials for thermal energy storage [J]. Solar Energy Materials & Solar Cells, 2013, 118: 48-53.

[98] QIAN, LI, MA, et al. The preparation of a green shape - stabilized composite phase change material of polyethylene glycol/SiO_2 with enhanced thermal performance based on oil shale ash via temperature - assisted sol - gel method [J]. Solar Energy Materials & Solar Cells, 2015, 132: 29-39.

[99] PY, OLIVES, MAURAN. Paraffin/porous - graphite - matrix composite as a high and constant power thermal storage material [J]. International Journal of Heat and Mass Transfer, 2001, 44 (14): 2727-2737.

[100] 赵建国，郭全贵，高晓晴．石蜡/膨胀石墨相变储能复合材料的研制 [J]．新型炭材料，2009，24（2）：114-118．

[101] ZHANG, FANG. Study on paraffin/expanded graphite composite phase change thermal energy storage material [J]. Energy Conversion and Management, 2006, 47 (3): 303-310.

[102] ALRASHDAN, MAYYAS, AL - HALLAJ. Thermo - mechanical behaviors of the expanded graphite - phase change material matrix used for thermal management of Li - ion battery packs [J]. Journal of Materials Processing Technology, 2010, 210 (1): 174-179.

[103] WANG, FENG, LI, et al. Shape - stabilized phase change materials based on polyethylene glycol/porous carbon composite: The influence of the pore structure of the carbon materials [J]. Solar Energy Materials & Solar Cells, 2012, 105: 21-26.

[104] FENG, ZHENG, YANG, et al. Preparation and characterization of polyethylene glycol/active carbon composites as shape - stabilized phase change materials [J]. Solar Energy Materials & Solar Cells, 2011, 95: 644-650.

[105] WANG, FENG, YANG, et al. Graphene oxide stabilized polyethylene glycol for heat storage [J]. Physical Chemistry Chemical Physics, 2012, 14 : 13233-13238.

[106] LI, JIANG, LI, et al, Aqueous preparation of polyethylene glycol/sulfonated graphene phase change com-

posite with enhanced thermal performance [J]. Energy Conversion and Management, 2013, 75: 482 – 487.

[107] WANG, XIE, XIN. Thermal properties of paraffin based composites containing multi – walled carbon nano-tubes [J]. Thermochim Acta, 2009, 488: 39 – 42.

[108] JI, SUN, ZHONG, FENG. Improvement of the thermal conductivity of a phase change material by the func-tionalized carbon nanotubes [J]. Chemical Engineering Science, 2012, 81: 140 – 145.

[109] WANG, XIE, XIN, et al. Enhancing thermal conductivity of palmitic acid based phase change materials with carbon nanotubes as fillers [J]. Solar Energy, 2010, 84: 339 – 344

[110] ABU – ZIED, HUSSEIN, ASIRI. Development and characterization of the composites based on mesoporous MCM – 41 and polyethylene glycol and their properties [J]. Composites Part B: Engineering, 2014, 58: 185 – 192.

[111] FENG, ZHAO, ZHENG, et al. The shape – stabilized phase change materials composed of polyethylene glycol and various mesoporous matrices (AC, SBA – 15 and MCM – 41) [J]. Solar Energy Materials & Solar Cells, 2011, 95: 3550 – 3556.

[112] KARAMAN, KARAIPEKLI, SARI, et al. Polyethylene glycol (PEG) /diatomite composite as a novel form – stable phase change material for thermal energy storage [J]. Solar Energy Materials & Solar Cells, 2011, 95: 1647 – 1653.

[113] CHAPOTARD, TONDEUR. Dynamics of latent heat storage in fixed beds, a non – linear equilibrium model, the analogy with chromatography [J]. Chemical Engineering Communications, 1983, 24 (4): 183 – 204.

[114] AHMED, KHALID. Effect of carbon nanofiber additives on thermal behavior of phase change materials [J]. Carbon, 2005, 43 (15): 3067 – 3074.

[115] CHOI, EASTMAN. Enhancing thermal conductivity of fluids with nanoparticles [P]. 1995.

[116] KHODADADI, HOSSEINIZADEH. Nanoparticle – enhanced phase change materials (NEPCM) with great po-tential for improved thermal energy storage [J], International Communications in Heat and Mass Transfer, 2007, 34 (5): 534 – 543.

[117] WANG, XIE, GUO, et al. Improved thermal properties of paraffin wax by the addition of TiO_2 nanoparticles [J]. Applied Thermal Engineering, 2014, 73: 1541 – 1547.

[118] MOTAHAR, NIKKAMB, ALEMRAJABI, et al. Experimental investigation on thermal and rheological prop-erties of n – octadecane with dispersed TiO_2 nanoparticles [J]. International Communications in Heat and Mass Transfer, 2014, 59: 68 – 74.

[119] PARKA, LEE, KIM, et al. Magnetic nanoparticle – embedded PCM nanocapsules based onparaffin core and polyurea shell [J]. Colloids and Surfaces A: Physicochemical and Engineering Aspects, 2014, 450: 46 – 51.

[120] WANG, XIE, XIN. Thermal properties of paraffin based composites containing multi – walled carbon nano-tubes [J]. Thermochinica Acta, 2009, 488: 39 – 42.

[121] FRUSTERI, LEONARDI, VASTA, et al. Thermal conductivity measurement of a PCM based storage system containing carbon fibers [J]. Applied Thermal Engineering, 2005, 25: 1623 – 1633.

[122] XIAO, FENG, GONG. Thermal performance of a high conductive shapestabilized thermal storage material [J]. Solar Energy Materials & Solar Cells, 2011, 69: 293 – 296.

[123] KIM, DRZAL. High latent heat storage and high thermal conductive phase change materials using exfoliated graphite nanoplatelets [J]. Solar Energy Materials & Solar Cells, 2009, 93: 136 – 142.

[124] SARI, KARAIPEKLI. Preparation, thermal properties and thermal reliability of palmitic acid/expanded graphite composite as form – stable PCM for thermal energy storage [J]. Solar Energy Materials & Solar Cells, 2009, 93: 571 – 576.

[125] LIANG, ZHANG, SUN, et al. Graphene – nickel/ncarboxylic acids composites as form – stable phase change materials for thermal energy storage [J]. Solar Energy Materials & Solar Cells, 2015, 132: 425 – 430.

[126] FAN, GONG, NGUYEN, DUONG. Advanced multifunctional graphene aerogel – Poly (methyl methacrylate) composites: Experiments and modeling [J]. Carbon, 2015, 81: 396 – 404.

[127] PY, OLIVES, MAURAN. Paraffin/porous – graphite – matrix composite as a high and constant power thermal storage material [J]. International Journal of Heat and Mass Transfer, 2011, 44: 2727 – 2737.

[128] LUO, LLOYD. Enhancement of Thermal Energy Transport Across Graphene/Graphite and Polymer Interfaces: A Molecular Dynamics Study [J]. Advanced Functional Materials, 2012, 22: 2495 – 2502.

[129] KONATHAM, STRIOLO. Thermal boundary resistance at the graphene – oil interface [J]. Applied Physics Letters, 2009, 95: 163105.

[130] HUANG, CHUANG, CHEN. Molecular – dynamics calculation of the thermal conduction in phase change materials of graphene paraffin nanocomposites [J]. International Journal of Heat and Mass Transfer, 2015, 91: 45 – 51.

[131] BIERCUK, LLAGUNO, RADOSAVLJEVIC, et al. Carbon nanotube composites for thermal management [J]. Applied Physics Letters, 2002, 80 (15): 2767 – 2769.

第2章 多孔基体对 PEG 基定形相变材料的影响

2.1 简介

2.1.1 多孔材料的分类

按照国际纯粹和应用化学联合会（IUPAC）的规定[1]，多孔固体材料可按孔径大小分为三种类型：孔径小于 2nm 的多孔固体材料称为微孔材料；孔径在 2 ~50nm 的称为介孔固体材料；孔径大于 50nm 的多孔固体材料称为大孔材料。人们常见的多孔玻璃、多孔陶瓷、气凝胶、水泥属于大孔，气溶胶、层状黏土、MCM – 41、SBA – 15、HMS、MSU 等则是具有规则孔道的介孔材料，沸石、类沸石、活性炭、硅钙石属于微孔。

根据多孔材料骨架化学组成不同，又可将其分为"硅基"和"非硅"两大类。就硅基多孔材料而言，构成骨架的成分是二氧化硅，包括纯硅的和掺杂有其他元素的两大类材料，最著名的介孔分子筛材料当属以 MCM – 41、MCM – 48 为代表的 MCM 系列材料和以SBA – 15 为代表的 SBA – n 系列介孔材料。非硅多孔材料有多孔金属氧化物、多孔硫化物、多孔磷酸盐、多孔金属、多孔炭等，研究比较广泛的是多孔炭材料，其具有较低的密度、良好的导热性能、稳定的化学性质和易于获取等优点，典型的材料有膨胀石墨、泡沫炭、活性炭、介孔炭、碳纳米管、氮化碳、石墨烯氧化物等。

2.1.2 多孔基体在定形相变材料中的应用

多孔材料因具有较大的比表面积和较低的密度，作为基体材料广泛应用于定形相变材料的合成中。在定形相变材料中，多孔材料在对相变材料起到定形作用的同时，还能使相变材料保持较高的储热密度[2-7]。在相变材料与多孔基体材料的复合体系中，多孔材料的引入，使得储热的有效介质的质量分数减少，降低了体系的储热密度[8-10]。除此之外，在相变材料与多孔材料的复合储热体系中，多孔基体材料的限域作用也将影响相变材料的相变行为。多孔基体材料对相变材料的相变行为的影响包括两方面的因素：界面相互作用和孔结构[11]。界面作用主要取决于基体材料的化学组成引起的表面极性、氢键等作用，因此基体材料的材质是影响相变材料相变行为和储热能力的一个重要参数。对相变材料的相变行为影响的另一个重要参数是基体材料的孔结构，多孔基体材料的孔径太大，相变材料在孔道中受到的毛细作用力较小，在相变过程中易发生液相相变材料渗漏，无法起到定形作用；孔径太小，基体材料对相变材料的分子链运动阻碍作用太大，影响其结晶性能，降低其储热效率。

本章介绍基体材料材质和孔结构对定形相变材料的影响。首先，选择不同材质的三种介孔材料（SBA – 15 分子筛、MCM – 41 分子筛和活性炭（AC））为基体，以 PEG 为相变物质，采用物理共混的方法制备 PEG/SBA – 15、PEG/MCM – 41、PEG/AC 固 – 液相变介孔限域体系，利用 DSC、TGA、BET、XRD、FTIR、POM、SEM 等表征技术，研究 PEG 的质量分数和相对分子质量、介孔基体材质对定形相变材料定形性、结晶性能、相变行为以及热稳定性的影响规律。然后，选择孔结构不同、界面物理化学性质类似的三种多孔炭材料：膨胀石墨、活性炭和有序介孔炭作为基体，采用物理共混的方法与 PEG 相变材料复合，制备 PEG/多孔炭材料的定形相变储热体系，在界面性质类似的条件下，研究基体材料的孔结构对相变材料相变行为的影响。

2.2　材质对 PEG 基定形相变材料的影响

2.2.1　原料

　　化学纯的 PEG：白色结晶固体，购自国药集团化学试剂北京有限公司，平均相对分子质量分别为 1500、4000、6000 和 10000；活性炭（AC，AR）：粉状，购自北京大力精细化工厂，以椰壳为原料，经过 1000℃ 的碳化和物理水蒸气活化制成；SBA - 15 和 MCM - 41 分子筛：购自沈阳海龙纳米介孔分子筛实验室。

　　所选择的三种不同材质的多孔基体的氮气吸附测试结果如图 2.1 所示。由图 2.1 可见，

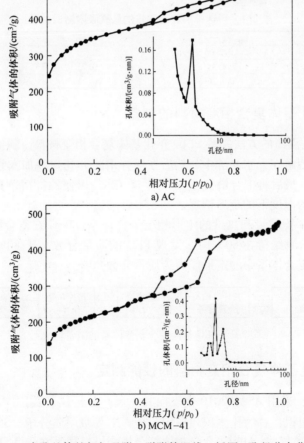

图 2.1　多孔基体的氮气吸附 - 脱附等温线。插图：孔径分布曲线

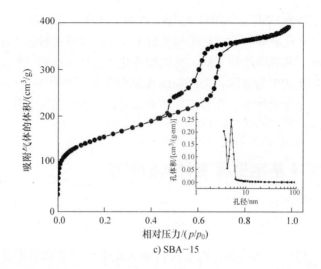

c) SBA-15

图 2.1　多孔基体的氮气吸附–脱附等温线。插图：孔径分布曲线（续）

多孔基体的等温线均属于 Ⅳ 型，有明显的滞回环，表明所选择的多孔基体为典型的介孔材料，应用 BJH 方法计算的多孔基体的平均孔径见表 2.1。由表 2.1 可见，三种介孔基体的总的孔体积相差不大，活性炭的比表面积最大、平均孔径最小，SBA-15 的比表面积最小、平均孔径最大。

表 2.1　所选择的介孔基体的氮气吸附测试结果

材料	$S_{BET}/(m^2/g)$	$V_{pore}/(cm^3/g)$	D_{pore}/nm
AC	1197.69	0.79	2.64
MCM-41	758.31	0.73	3.85
SBA-15	556.26	0.71	5.08

2.2.2　PEG/介孔基体复合相变材料的制备

采用物理共混及浸渍的方法制备 PEG/介孔基体复合相变材料，制备流程如图 2.2 所示。首先将 PEG 熔化并溶解在无水乙醇中，然后在搅拌下将介孔材料加入到 PEG 溶液中，超声分散后继续搅拌 4h，最后将混合液置于 80℃ 干燥 72h，以便乙醇溶剂挥发去除和考察复合物在 PEG 熔点以上的温度下的定形情况。

为了获得高 PEG 担载量和热熔的定形相变复合体系，PEG 在复合物中的质量分数定在 70% ~ 90%。当复合物维持在 80℃ 时，发现 PEG 的质量分数高于 80% 的复合物有液相泄漏，因此 PEG 在该复合体系中的定形能力为质量分数 80%。

图 2.2　PEG 基体复合相变体系的制备流程

2.2.3　PEG/介孔基体复合相变材料的性能测定

N_2 吸附（BET）：采用 ASAP 2010 比表面和孔尺寸分析仪（美国 Micromeritics 公司）测定样品的 BET 比表面积、总的孔体积和平均孔径。N_2 为吸附质分子，550℃ 下焙烧过的介孔材料样品在 200℃ 下脱气 2h，PEG/介孔基体复合相变材料样品在 40℃ 下脱气 4h，脱气后再将样品置于分析站上进行液氮温度下的 N_2 吸附。

红外光谱（FTIR）：采用 VECTOR22 红外光谱仪（德国 Bruker 公司）测定样品的红外吸收光谱。单样扫描次数为 60，扫描范围为 400～4000cm^{-1}，分辨率为 4cm^{-1}。将极少量的样品与溴化钾（约 1:100 的比例）混合磨匀，制成小压片。

X 射线衍射（XRD）：样品的 XRD 谱图在 DMAX 2400 Rigaku 衍射仪（日本理学 Rigaku 公司）上采集，铜 Kα 靶，镍滤光，扫描速度为 4°/min，扫描范围（2θ）为 5°～50°。通过对 XRD 峰的卷积进行样品结晶度的计算。小角 XRD 的扫描速度为 1°/min，扫描范围（2θ）为 0.6°～10°。

热台偏光显微镜（POM）：采用装有热台和控温器的德国 Leica DMLP 偏光显微镜观察纯 PEG 和 PEG/介孔基体复合物的形貌。将少量样品放在两个盖玻片之间压平制成薄层。

扫描电子显微镜（SEM）：采用 S4800 扫描电镜（日本 JEOL 公司）观察样品的组织形貌。

差示扫描量热（DSC）：采用 Q100 DSC 仪（美国 Thermal Analysis 公司）测定样品的相变温度和相变焓。样品在氮气气氛中以 10℃/min 的速率在 0～100℃ 之间加热和冷却。

热重分析（TGA）：样品的热稳定性在 Q600 SDT TGA 仪（美国 Thermal Analysis 公司）上测得。样品置于干燥的氮气气氛下，以 10℃/min 的速率由室温升至 500℃。

2.2.4　PEG/介孔基体复合相变材料的化学性质

图 2.3 显示了纯 PEG、介孔材料及其复合相变材料的红外光谱。由图 2.3 可见，所有样品在 3443cm^{-1} 和 1641cm^{-1} 处均有吸收峰，分别归因于羟基和水的伸缩振动。从纯 PEG 的红外光谱上可以观察到 1143cm^{-1}、1108cm^{-1} 和 1066cm^{-1} 波数处存在 3 个吸收峰，由 C－O－C 的伸缩振动引起；2885cm^{-1}、955cm^{-1} 和 842cm^{-1} 处的吸收峰分别由 －CH$_2$ 官能团的伸缩振动、PEG 的结晶峰[12, 13] 和 C－C－O 键引起；这些吸收峰在复合相变材料的红外光谱上同样能观察到。

在硅介孔基体（SBA－15 和 MCM－41）的红外光谱上，1082cm^{-1}、800cm^{-1} 和 464cm^{-1} 处的吸收峰归因于 Si－O 官能团的弯曲振动；955cm^{-1} 处的吸收峰由 Si－OH 官能团引起。但是，对于 PEG/硅介孔基体相变材料而言，Si－O 吸收峰（1082cm^{-1} 和 800cm^{-1}）向较高波数方向移动至 1108cm^{-1} 和 842cm^{-1}，意味着二氧化硅桥氧原子和 PEG 末端羟基之间形成了氢键；Si－OH 吸收峰并未发生偏移，与 PEG 在这个波数处的吸收峰相重叠。在 AC 介孔基体的红外光谱上，1383cm^{-1} 处的吸收峰由 C－C 键引起，该吸收峰在 PEG/AC 相变材料上同样可见。

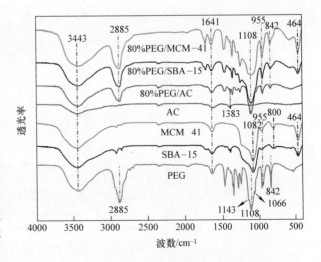

图 2.3　纯 PEG、介孔材料及其复合相变材料的红外光谱图
注：复合物中 PEG 的质量分数为 80%。

对比复合相变材料的红外光谱和纯 PEG、介孔基体的红外光谱后并未发现新的吸收峰，表明 PEG 与介孔基体间的相互作用仅为物理形式，正是该作用阻止了熔化态的相变材料从定形基体中泄漏。

2.2.5　PEG/介孔基体复合相变材料的结晶性

图 2.4 显示了纯 PEG 和复合相变材料的广角 XRD 谱图。由图 2.4a 可见，复合相变材料 XRD 峰的 2θ 位置基本与纯 PEG 的相同，表明介孔定形基体的引入并未影响 PEG 的晶体结构。利用 XRD 峰的卷积计算了纯 PEG 和复合物中 PEG 的结晶度，由于研究中使用的介孔材料为非晶，因此其结晶度可以忽略不计。根据计算结果，纯 PEG 的结晶度为 0.77，当复合物中 PEG 的质量分数为 80% 时，PEG/AC、PEG/MCM－41 和 PEG/SBA－15 复合相变材料的结晶度分别为 0.56、0.38 和 0.41，与 PEG/AC 复合相变材料相比，PEG/介孔硅复合相变材料的结晶度较纯 PEG 小得多；有趣的是，图 2.4b 中当 PEG 的质量分数为 70% 时，PEG/介孔硅复合相变材料无 XRD 结晶峰，然而 PEG/AC 复合相变材料和纯 PEG 有类似的 XRD

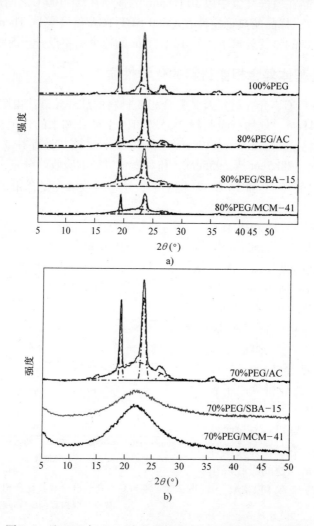

图 2.4　纯 PEG 与 PEG/介孔基体复合相变材料的 XRD 谱图

峰，70% PEG/AC 复合相变材料的结晶度为 0.42，仍比 80% PEG/介孔硅复合相变材料的结晶度略高。上述结果显示介孔硅对 PEG 结晶性的影响大于活性炭定形基体。

图 2.5 显示了二氧化硅介孔基体和 PEG/介孔硅复合相变材料的小角 XRD 谱图。图 2.5 中二氧化硅介孔基体的小角 XRD 谱图显示其具有高度有序的六方结构[14-16]。二氧化硅介孔基体吸附了 PEG 后，其小角 XRD 在（100）晶面的峰强显著降低，该行为显示介孔基体的孔道被 PEG 填充，骨架和孔内电子密度之差降低，与前人报道的结果类似[17]。

结合表 2.1，三种介孔基体的孔体积相差不大，但是活性炭（AC）的 BET 比表面积大于二氧化硅分子筛（Silica）的，表明 AC 的表面张力强于 Silica；AC 的孔尺寸小于 Silica 的，表明 AC 的孔的毛细力强于 Silica 的。由于液相 PEG 是通过毛细力作用浸渍到孔道内，通过表面张力吸附到多孔基体表面，那么 AC 对 PEG 的作用理论上应该强于 Silica 对 PEG 的，所以 PEG/AC 复合相变材料中 PEG 的结晶性理应差于 PEG/Silica 复合相变材料中 PEG 的，这与图 2.4 中 XRD 的计算结果相反，因此其他的因素，如介孔基体的表面性质也应该考虑在内，即 AC 为非极性材料，Silica 为极性材料，而 PEG 为极性的，从极性角度考虑 PEG 将与 Silica 作用，而不与 AC 作用。另外，由红外光谱获得的结果可知，PEG 与 Silica

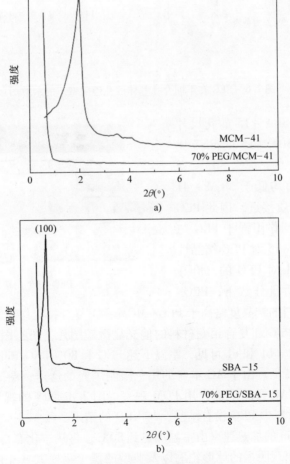

图 2.5　二氧化硅介孔基体与 PEG/介孔硅复合相变材料的小角 XRD 谱图
注：复合物中 PEG 的质量分数为 70%。

之间存在氢键作用，而 PEG 与 AC 之间没有发现氢键作用，图 2.6 给出了 PEG 在有氢键作用和无氢键作用下受限于不同介孔基体孔道内的示意图。因此，如图 2.7 所示，对于 PEG/Silica 复合相变材料而言，PEG 与 Silica 的相互作用由毛细力、表面张力、极性、氢键构成，强于 PEG 与 AC 间的相互作用（只有毛细力和表面张力），导致 Silica 对 PEG 结晶性的破坏大于 AC 对 PEG 的，也就是说，PEG/Silica 复合相变材料中有更多受限的 PEG，因此 PEG/Silica 复合相变材料的结晶性低于 PEG/AC 复合相变材料的。

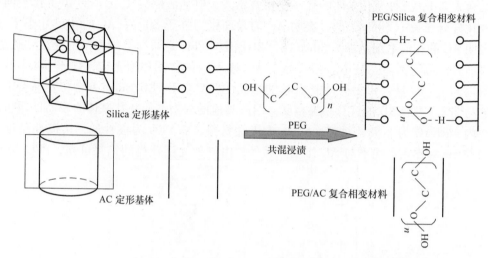

图 2.6　PEG 在不同介孔基体的孔道限域下的示意图

　　根据上述讨论，SBA – 15 的孔尺寸大于 MCM – 41 的，SBA – 15 的 BET 比表面积小于 MCM – 41 的，那么 SBA – 15 的毛细力和表面张力均低于 MCM – 41 的，而两者的表面性质接近，因此 PEG 与 MCM – 41 间的相互作用强于 PEG 与 SBA – 15 的，即 SBA – 15 对 PEG 结晶性的破坏小于 MCM – 41 对 PEG 的，恰好可以解释相同 PEG 质量分数下，PEG/

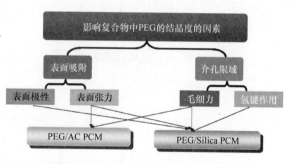

图 2.7　PEG 与介孔基体的作用机制

SBA – 15 复合相变材料的结晶度略高于 PEG/ MCM – 41 复合相变材料的。

　　图 2.8 给出了纯 PEG 和复合相变材料的偏光显微镜图片。所有图片中亮的区域为 PEG 的结晶区，由图 2.8a1、b1 和 c1 可见，室温下纯 PEG 和 80% PEG/Silica 复合相变材料为晶体，但不具有球晶的特征。由于 AC 本身的黑色限制了光的透过，图 2.8d 的视场中只有较少的亮区，因此 PEG/AC 样品不适合用 POM 观察。图 2.8e 和 f 的视场为全黑，表明 70% PEG/Silica 复合相变材料中 PEG 没有结晶，与 XRD 的结果一致。

　　将样品以 10℃/min 的加热速率由室温加热到 80℃，再从熔化态自然降温，当温度降到一定程度时，视野中出现明显的球形轮廓以及典型的黑十字模式（见图 2.8 的 2），显示了 PEG 的球晶晶体结构[18,19]，球晶继续迅速生长（见图 2.8 的 3）。对比纯 PEG 和 80% PEG/Silica 复合相变材料的球晶形貌发现，PEG 的球晶好于复合相变材料，归因于介孔基体对

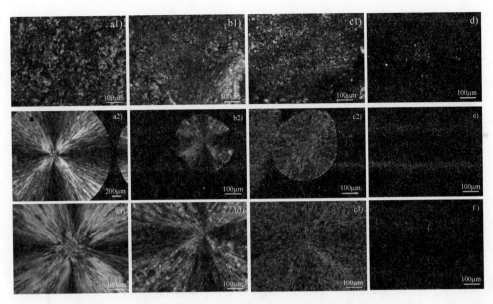

图 2.8　PEG 与 PEG/介孔基体复合相变材料的偏光显微镜图片

a) 纯 PEG　b) 80% PEG/SBA－15 PCM　c) 80% PEG/MCM－41 PCM　d) 80% PEG/AC PCM
e) 70% PEG/SBA－15 PCM　f) 70% PEG/MCM－41 PCM　1) 室温下的相变材料
2)、3) 由熔融态结晶的相变材料

PEG 结晶性的干扰。

2.2.6　PEG/介孔基体复合相变材料的热性能

图 2.9 显示了纯 PEG 和复合相变材料在升温和降温过程中的 DSC 曲线。由图 2.9a 可见，纯 PEG 的熔点为 50.1℃，结晶温度为 22.7℃，熔化热和凝固热分别为 160.5J/g 和 153.1J/g；PEG 质量分数为 80% 的复合相变材料的熔化热和凝固热在 75~102J/g 之间，低于其理论值（熔化热：160.5J/g×80% =128.4J/g，凝固热：153.1J/g×80% =122.5J/g），

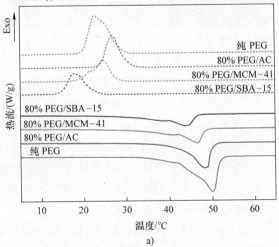

图 2.9　纯 PEG 与 PEG/介孔基体复合相变材料的
DSC 曲线（实线：升温过程；虚线：降温过程）

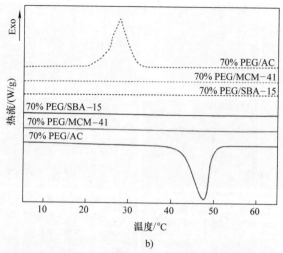

b)

图 2.9　纯 PEG 与 PEG/介孔基体复合相变材料的

DSC 曲线（实线：升温过程；虚线：降温过程）（续）

复合相变材料的熔点较 PEG 向低温方向移动，PEG/MCM‑41 和 PEG/AC 复合相变材料的结晶温度较 PEG 向高温方向移动。

由图 2.9b 可见，PEG 的质量分数为 70% 时，PEG/AC 复合相变材料的熔点为 49.0℃，略低于纯 PEG 的熔点，结晶温度为 27.8℃，略高于纯 PEG 的熔点；其熔化热和凝固热分别为 81.3J/g 和 72.8J/g，同样低于其理论值，也低于 80% PEG/AC 复合相变材料，但是接近 80% PEG/Silica 复合相变材料的热熔。需要注意的是，该 PEG 含量下 PEG/Silica 复合相变材料无吸热峰和放热峰，表明 PEG 的结晶完全受限，与 XRD 和 POM 的结果一致。

如上所述，复合相变材料的熔化热和凝固热低于理论值，甚至当介孔基体在复合物中的含量增至一定值时热熔为 0，主要是介孔基体对 PEG 结晶性的干扰造成的。一方面是纳米尺寸介孔的限域作用，另一方面是介孔基体的表面吸附作用，两方面作用共同阻碍了 PEG 链的结晶聚合，随着介孔基体在复合相变材料中含量的增加，这种影响更为显著，当介孔基体的含量增加到一定程度（例如，Silica 30%（质量分数）），PEG 不能聚集形成任何晶区，此时热熔值为 0。

在实际应用中，相变材料的过冷度和储热效率同样是重要的。根据图 2.9 的 DSC 测试结果，可以通过熔点与结晶温度作差来评价相变材料的过冷程度，通过公式 $(1 - \Delta H_s / \Delta H_f) \times 100\%$ 计算熔化和结晶过程的热损失来评价储热效率。图 2.10 给出了纯 PEG 和复合相变材料相变温度、相变熔、过冷度及热损失百分数的对比结果，由图 2.10a 可见，PEG 的过冷度大于复合相变材料，说明介孔基体可以降低 PEG 的过冷度；三种复合相变材料中，PEG/AC 复合相变材料的过冷度最小。由图 2.10b 可见，复合相变材料的熔化热和凝固热均低于纯 PEG，归因于介孔基体的混合减少了 PEG 的质量分数，同时干扰了 PEG 的结晶。纯 PEG 的储热效率高于复合相变材料；在复合相变材料中，PEG/MCM‑41 复合相变材料的储热效率最高，PEG/AC 复合相变材料的储热效率次之。

在三种复合相变材料中，PEG/SBA‑15 复合相变材料有最低的熔点，预示了一定的学术兴趣，但是其潜热较小甚至为 0，使得它并不适合作为实际的储热介质；PEG/AC 复合相变材料在熔点 48.3℃处具有最大的潜热（102J/g），并且高于大多数文献报道的类似相变材料的潜热[17‑19]。

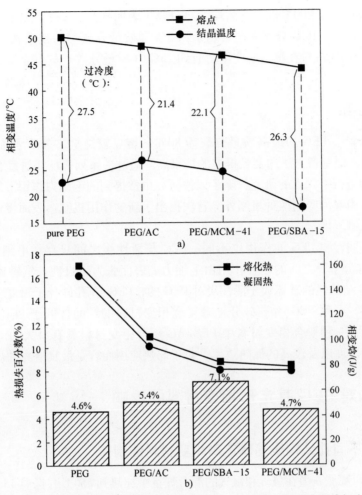

图2.10　PEG 与 PEG/介孔基体复合相变材料的相变温度、相变焓、过冷度及热损失百分数的对比

注：复合物中 PEG 的质量分数为 80%。

图 2.11 显示了纯 PEG 和复合相变材料的 TGA 曲线。由图 2.11 可见，所有样品的 PEG

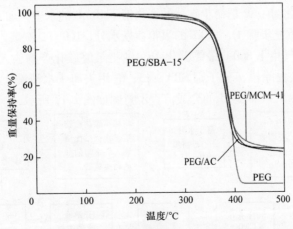

图 2.11　纯 PEG 与 PEG/介孔基体复合相变材料的 TGA 曲线

注：复合物中 PEG 的质量分数为 80%。

失重均为一步失重，在200℃以下样品均无热分解，表明样品在200℃以下具有良好的热稳定性。需要注意的是，PEG分解完全后剩余约5%（质量分数）的残余物，而PEG质量分数为80%的复合相变材料在热分解完全后有约25%（质量分数）的剩余物，表明制备的样品十分均一。

2.2.7 本节小结

定形相变材料中PEG的最高质量分数为80%，熔点较纯PEG有所降低，最大潜热为102J/g，较采用类似制备方法的文献报道的结果高。通过一系列表征，对复合相变材料的结晶性和相变行为进行了深入的研究，除了以往研究中常提到的毛细力作用下纳米孔道的限域效应和表面张力引起的吸附两种机制外，首次提出了新的作用机制：表面极性引起的吸附和纳米孔道内的氢键限域。

基体材质不同，与PEG的作用也不同。PEG与活性炭之间只存在毛细力和表面张力，而PEG与介孔硅分子筛之间的相互作用由毛细力、表面张力、极性、氢键构成，导致介孔硅分子筛对PEG结晶性的破坏大于活性炭对PEG的，PEG/介孔硅分子筛复合相变材料中有更多受限的PEG，导致PEG/介孔硅分子筛复合相变材料的结晶性低于PEG/活性炭复合相变材料的。因此，三种复合相变材料中PEG/AC复合相变材料具有最大的潜热、相对低的熔点、最小的过冷度以及较高的储热效率，对于储热应用而言是最具潜力的。

2.3 孔结构对PEG基定形相变材料的影响

2.3.1 PEG/不同孔结构炭基体定形相变材料的制备

膨胀石墨由可膨胀石墨在氢气和氩气的混合气氛中加热到650℃并保温15min制得。膨胀石墨具有蠕虫状的三维网状孔道结构。活性炭从北京益达精细化工厂购买。有序介孔炭按照参考文献［20］的方法合成。其合成步骤：①把1g分子筛SBA-15和1.25g蔗糖溶于10mL的水中，搅匀后加入0.125g H₂SO₄，搅匀后置于100℃的烘箱里蒸发水分。待水分蒸发完后，在160℃的烘箱里初步碳化6h；②把初步碳化的产物溶于10mL的水中，加入0.75g蔗糖，溶解后加入0.075g H₂SO₄，重复步骤①，100℃的烘箱蒸发水分，160℃二次碳化；③把二次碳化产物碾成粉末，在Ar保护气氛下860℃最终碳化4h；④把最终碳化产物放入塑料烧杯中，用质量分数为10%的HF溶液去除模板分子筛SBA-15；⑤用去离子水清洗3次，将产物烘干24h，得到有序介孔炭CMK-5。CMK-5的合成流程示意图如图2.12所示。

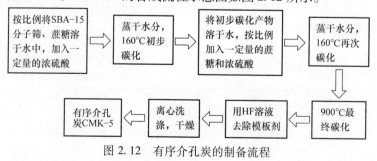

图2.12 有序介孔炭的制备流程

以 PEG（相对分子质量为 6000）为相变材料，膨胀石墨（EG）、活性炭（AC）、有序介孔炭（CMK-5）等三种多孔炭材料为基体材料，采用物理共混的方法合成复合定形相变材料。将 0.5g PEG 溶于 30mL 无水乙醇中，按一定质量比加入多孔炭材料，加热到 80℃ 并持续搅拌 3h。最后将得到的样品放置于烘箱里，80℃烘干 72h，得到黑色的复合相变材料。

2.3.2　热学性质及其他表征

透射电子显微镜（TEM）：使用仪器为 JEM-2100。将样品分散在水溶液中，滴于铜网上晾干，用于测试。选择加速电压为 200kV。

扫描电子显微镜（SEM）：采用 S4800 扫描电镜（日本电子公司）观察样品的形貌。将样品直接粘贴在导电胶上用于测试。选择加速电压为 10kV。

比表面积测试（BET）：活性炭和有序介孔炭的比表面积、总的孔体积及平均孔径是采用 N_2 等温吸附（Quantanchrome Autosorb IQ Gas Sorption Analyzer）测得，N_2 为吸附质分子，先在 200℃ 下脱气 2h，脱气后再将样品置于分析站上进行液氮温度下的 N_2 吸附；膨胀石墨的孔径分布和表面积是采用压汞仪（Micromeritics AutoPore IV 9500 Series Pore Size Analyzer）测得。

X 射线粉末衍射（XRD）：日本理学 DMAX-2400 衍射仪，CuKα 靶（$\lambda = 0.15401nm$）为射线源，电压为 40kV，电流为 100mA，数据采集的步进为 0.02°，扫描速度为 4°/min。

红外光谱（FTIR）：采用 SHIMADZU FTIR 8400 红外光谱仪测定样品的红外吸收光谱。单样扫描次数为 32，扫描范围为 400~4000cm^{-1}，分辨率为 4cm^{-1}。将极少的样品与溴化钾（约 1:100 的比例）混合磨匀，制成小压片。

差示扫描量热（DSC）：采用 Q100 DSC 仪（美国 Thermal Analysis 公司）测定样品的相变温度和相变焓。样品在氮气气氛中，以 10℃/min 的速率在 0~80℃ 之间加热和冷却。

2.3.3　多孔炭材料的形貌与孔道结构

活性炭、膨胀石墨（EG）和有序介孔炭都是多孔材料，但是这三种炭材料的孔结构，包括孔道分布（见图 2.13）和孔径分布（见图 2.14）完全不相同，其孔结构参数见表 2.2。膨胀石墨和活性炭的孔都是

a)

b)

c)

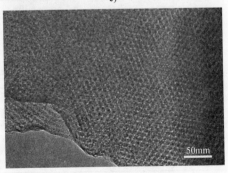

d)

图 2.13　样品的电镜图

a)、b) AC 和 EG 的 SEM 图

c)、d) CMK-5 的孔道轴向和径向的 TEM 图

无序排列的，但是两者的孔径、孔体积及比表面积差别较大。膨胀石墨的孔道呈蠕虫状分布，比表面积较小，孔径和孔体积较大，平均孔径达到 $13\mu m$，孔体积达到 $15.73 mL/g$。活性炭的孔道由一系列大孔、介孔和微孔组成，其比表面积较大，约为 $1197 m^2/g$，但孔径和孔体积较小，分别为 $4.0 nm$ 和 $0.79 mL/g$。有序介孔炭 CMK-5 的孔分布与膨胀石墨和活性炭的孔分布不同，呈一维规整排列（见图 2.13c），孔道界面呈六角形（见图 2.13d）；但具有和活性炭相近的孔径、比表面积和孔体积，分别为 $3.5 nm$、$1293 m^2/g$ 和 $1.53 mL/g$。三种多孔炭材料的孔分布、孔径、比表面积和孔体积的不同，对定形相变材料中 PEG 的定形能力、相变行为的影响也不一样。

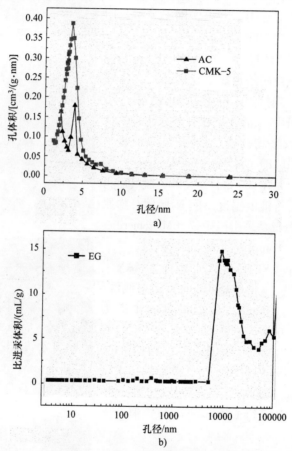

图 2.14 三种多孔炭材料的孔径分布

表 2.2 三种多孔炭材料的孔结构参数

多孔炭材料	孔径/nm	比表面积/(m^2/g)	孔体积/(mL/g)
CMK-5	3.5	1293	1.53
AC	4.0	1197	0.79
EG	1.3×10^4	4.7	15.73

2.3.4 多孔炭材料对 PEG 的定形能力

多孔炭对 PEG 的定形能力受多孔材料的孔分布、孔径及孔体积的影响。载体材料对相变材料的定形能力，是指在以该材料为载体的定形相变材料中，温度保持在相变材料的熔点以上，仍无液体渗漏时相变材料的最大质量分数。膨胀石墨、活性炭和有序介孔炭三种碳材料对 PEG 的定形能力分别为质量分数 90%、70% 和 90%。与活性炭和有序介孔炭相比，膨胀石墨的孔径和孔体积较大，其对熔融的 PEG 有较高的定形能力。活性炭和有序介孔炭的孔径和孔体积都较小，但是由于有序介孔炭的孔道呈一维规整排列，且孔体积相对活性炭较大，在合成样品过程中，PEG 分子链容易进入孔道，因此有序介孔炭对 PEG 的定形能力大于活性炭的定形能力。对比三种多孔炭材料的定形能力可以发现，大孔径和大孔体积的多孔材料的定形能力优于小孔径和小孔体积的多孔材料，孔道规整排列的多孔材料优于孔道无序排列的多孔材料。

2.3.5　多孔炭材料与 PEG 的界面相互作用及其对结晶性能的影响

　　PEG 与多孔炭材料的界面相互作用，用 FTIR 来表征，如图 2.15 所示。在 PEG 的红外光谱中，$3485cm^{-1}$ 对应的是 – OH 的伸缩振动，$2887cm^{-1}$ 对应的是 C – H 的伸缩振动，$1635cm^{-1}$ 对应的是 C = O 的伸缩振动，$1468cm^{-1}$ 和 $1342cm^{-1}$ 对应的是 C – H 的弯曲振动，$1280cm^{-1}$ 和 $1242cm^{-1}$ 则对应的是 – OH 的弯曲振动。膨胀石墨、活性炭和有序介孔炭三种多孔炭材料的红外光谱一致，均有 – OH（$3485cm^{-1}$）和 C = O（$1638cm^{-1}$），说明三种多孔炭材料的表面化学性质一样。

　　在 PEG 与三种多孔炭材料的复合体系的红外光谱中，PEG 的主要官能团（ – OH、C – H、C = O 等）的红外吸收峰均出现在复合材料的红外光谱中，吸收峰的位置发生很小幅度的移动；除了 PEG 与多孔炭材料的官能团的吸收峰，并没有出现新的官能团的吸收峰，说明 PEG 与多孔炭材料之间没有新的化学键形成，不存在较强的化学作用。复合体系红外光谱中，PEG 主要官能团吸收峰位置的小幅度偏移，说明 PEG 与多孔炭材料之间存在某种相互作用。由于 PEG 和多孔材料中均含有 – OH、C = O 等含氧基团，因此可以推断 PEG 与多孔炭材料之间存在氢键作用。正是这种氢键作用以及孔道的毛细作用，使得多孔材料能对熔化后的 PEG 起到限域作用，阻止液体渗漏。

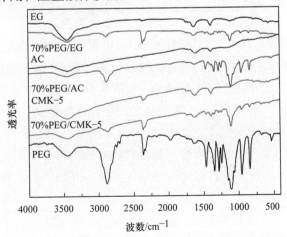

图 2.15　多孔炭材料和定形相变材料的 FTIR

XRD 的结果（见图 2.16）表明，多孔炭材料的加入，并不改变 PEG 的晶体结构。活性炭、有序介孔炭是无定形态的，与 PEG 复合后，复合样品的 XRD 谱图中仅出现与 PEG 对应的衍射峰，说明活性炭和有序介孔炭的加入，并不改变 PEG 的结晶形态。膨胀石墨在 26.7°有衍射峰，和 PEG 复合后，复合物的 XRD 谱图里分别出现两个物相的衍射峰，表明 PEG 与膨胀石墨复合后，其结晶形态也没有发生变化。因此可以推断，PEG 与多孔炭材料的复合仅是简单的物理共混，并没有新的物相生成，这与红外光谱的结果一致。

在复合相变材料里，随着 PEG 的质量分数逐渐减少，PEG 的结晶衍射峰逐渐变宽。这表明复合材料里，部分 PEG 并未结晶，是以非晶态形式存在。存在于 PEG 与多孔炭材料之间的氢键作用和孔道的毛细作用等相互作用，限制了与其相邻的 PEG 分子链的运动，在结晶过程中不能形成晶体，呈非晶态。因此，随着多孔的载体材料的质量分数的增加，PEG 的结晶度降低。当 PEG 的质量分数降低到一定程度时，PEG 的衍射峰消失，即 PEG 的分子链全部被限制，无法结晶。

2.3.6　PEG/多孔炭复合相变材料的热学性能

PEG 的熔点为 62.35℃，相变焓为 185.6J/g。PEG 与多孔炭复合相变材料的熔点与相变焓可以通过 DSC 测得，PEG 与三种多孔炭材料的 DSC 曲线如图 2.17 所示。不难发现，三类 PEG/多孔炭材料的复合相变材料的熔点小幅度降低，约为 3~4℃，熔化焓与结晶焓则随着 PEG 的质量分数的降低而逐渐降低。在复合相变材料里，相变材料的相变温度的变化方向受相变材料与载体材料之间的界面作用的强度影响。当相变材料与载体材料的界面作用较强时，比如形成化学键的强作用，将导致相变材料的相变温度升高；反之，界面作用较弱时，如氢键和表面吸附等较弱的作用力，将导致相变材料的相变温度降低[21,22]。根据红外光谱和 XRD 的结果，在 PEG 与多孔炭材料组成的定形相变材料里，PEG 与多孔炭材料的界面处不存在较强的化学作用，两者之间仅存在氢键和表面吸附等较弱的作用力。因此，将 PEG 与多孔炭材料复合后，PEG 的熔点有较小幅度的降低。

通过对吸放热峰积分，计算吸放热峰的面积，可以计算出相变焓。在三类 PEG/多孔炭复合材料中，随着 PEG 的质量分数的降低，复合材料的吸放热峰也逐渐降低，即复合材料的相变焓随着 PEG 的质量分数的降低而降低，如图 2.18 所示。膨胀石墨、活性炭和有序介孔炭在相变过程中均属于惰性材料，不发生相变，复合材料里发生相变的有效物质的质量分数降低，导致相变焓降低。

另外，根据 XRD 的结果，PEG 与多孔炭材料复合后，由于 PEG 与多孔炭材料的界面作用，部分 PEG 分子链的运动受阻，无法形成晶体，呈非晶态，这也将降低复合材料的相变焓。可以通过式（2.1）来定义复合材料里 PEG 的结晶度：

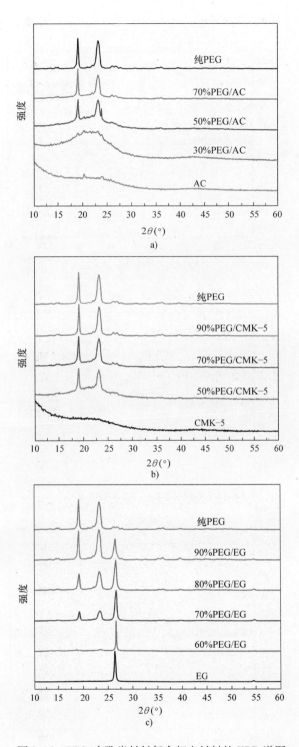

图 2.16　PEG/多孔炭材料复合相变材料的 XRD 谱图

$$F_{\mathrm{c}} = \frac{\Delta H_{\mathrm{PCMs}}}{\Delta H_{\mathrm{pure}} \times \beta} \times 100\% \qquad (2.1)$$

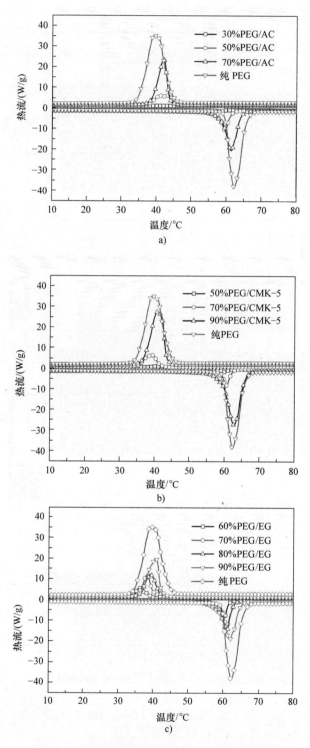

图 2.17 PEG/多孔炭复合相变材料的 DSC 曲线

式中，ΔH_{PCMs} 和 ΔH_{pure} 分别代表复合相变材料的相变焓与纯 PEG 的相变焓，β 代表复合相变材料中 PEG 的质量分数。复合材料里 PEG 的结晶度表示结晶态的 PEG 占总的 PEG 的百分比，因此可以用来表征复合相变材料里 PEG 分子链因界面作用而被限制运动的程度，结晶度越高，非晶态的 PEG 分子链越少；反之结晶度越低，非晶态的 PEG 分子链越多。

由于膨胀石墨、活性炭和有序介孔炭的孔道结构不同，在 PEG 与三种多孔炭材料的复合材料中，PEG 的结晶度变化趋势也不同，如图 2.19 所示。PEG 与活性炭及有序介孔炭的复合相变材料中的 PEG 的结晶度，随着 PEG 的质量分数的降低而线性降低；而在 PEG 与膨胀石墨的复合相变材料中，尽管 PEG 的质量分数下降，PEG 的结晶度却保持不变，约为 90%。另外，当 PEG 的质量分数相同，如 60% 和 70%，PEG/膨胀石墨的结晶度最高，PEG/活性炭的次之，PEG/有序介孔炭的最小。

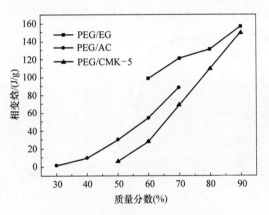

图 2.18　不同质量分数的 PEG/
多孔炭复合相变材料的相变焓

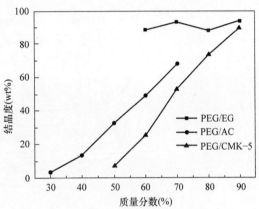

图 2.19　不同质量分数的 PEG/
多孔炭复合相变材料的结晶度

在 PEG 与载体材料复合后，PEG 分子链在熔化和结晶的过程，运动受阻，导致其结晶度降低。在 PEG/多孔炭材料的复合相变材料里，PEG 与多孔炭材料之间的界面作用力和多孔炭材料对 PEG 的限域作用，是影响 PEG 分子链在熔化与结晶过程中自由运动的两个主要因素。根据红外光谱的结果（见图 2.15），膨胀石墨、活性炭和有序介孔炭含有相同的表面官能团，三种多孔炭材料与 PEG 的界面作用相同。由此可以推断，PEG 在三种多孔材料里的结晶度的差异是由这三种多孔炭材料的不同孔结构导致的。

根据图 2.14 和表 2.2 可知，膨胀石墨的平均孔径为 13μm，孔体积为 15.73mL/g。膨胀石墨较大的孔道使得几乎所有的 PEG 分子均进入其孔道，在表面吸附和氢键的作用下，吸附在孔道内。但是膨胀石墨的比表面积较小，仅为 4.7m²/g，界面作用导致的非晶态的 PEG 分子链较少，复合材料中的绝大部分 PEG 分子链在升温与降温过程中仍能自由运动，其结晶度高达 90%，如图 2.20b 所示。由于有序介孔炭是三种介孔炭材料里孔径最小，仅为 3.5nm，而比表面积最大，达到 1293m²/g，PEG 与有序介孔炭复合之后，进入孔道的大部分 PEG 分子链几乎全部被界面作用限制（见图 2.20a），在升温与降温过程不能自由运动，导致结晶度远低于 PEG 在膨胀石墨中的结晶度。活性炭的孔结构不同于膨胀石墨和有序介孔炭的相对单一的孔径分布，由一系列大孔、介孔和微孔组成（见图2.20c）。PEG与活性炭复合后，PEG分布在这一系列大孔、介孔和微孔里。在大孔中的PEG分子链，与在膨胀石墨中的PEG分子链一样，仅少部分被界面作用限制而不能自由运动，因此位于大孔中的PEG具有较高的结晶度；与此相反，在介孔和微孔中的PEG分子链则由于界面作用大部分被限制而不能自由运动，其结晶度与PEG/有序介孔炭复合材料中PEG的结晶度一样较低。因此，三种多孔炭材料，因其孔径的不同，导致复合材料里PEG的结晶度也不一样，膨胀石墨里的PEG结晶度最高（90%），有序介孔炭中PEG的结晶度最低，活性炭中的结晶度介于两者之间。

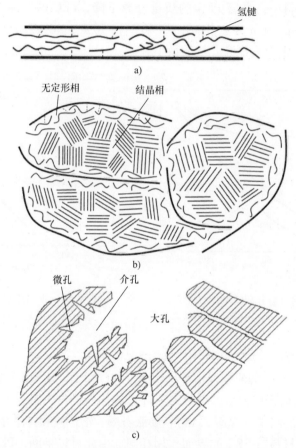

图2.20 PEG与三种多孔炭材料相互作用的示意图
a) PEG与介孔材料的作用 b) PEG与大孔材料的作用 c) 活性炭的孔结构

由于活性炭和有序介孔炭的比表面积远大于膨胀石墨的比表面积，与PEG的界面作用对PEG的结晶度的影响也远大于膨胀石墨与PEG的界面作用对PEG的结晶度的影响。因此，随着PEG质量分数的增加，PEG/膨胀石墨复合材料里PEG的结晶度保持为90%，而PEG与活性炭和有序介孔炭的复合材料中PEG的结晶度随着PEG的质量分数的减少而线性减少。

另外，在PEG与活性炭和有序介孔炭的复合材料里，当PEG的质量分数降到30%和50%时，这两个样品的DSC曲线上的吸放热峰均消失，表明其中的PEG均为非晶态，这和

XRD 的结果一致，这两个样品的 XRD 谱图里没有 PEG 对应的结晶衍射峰。对于 60% PEG/膨胀石墨复合材料，DSC 曲线里仍有明显的吸放热峰，而 XRD 谱图里却没有对应的 PEG 的结晶衍射峰。当 PEG 的质量分数为 60% 时，全部的 PEG 分子链都进入膨胀石墨的孔道，但由于膨胀石墨的孔径较大，比表面积较小，孔道中的 PEG 分子链仅少部分被界面相互作用限制而不能自由运动，大部分分子链仍能自由运动，在升温与降温过程，仍能发生固 - 液相变（见图 2.20b），故 DSC 曲线里仍有吸放热峰。但是，膨胀石墨内部结晶态的 PEG 分子链的外面包覆着一层非晶态的分子和石墨层，因此 XRD 谱图里仅出现膨胀石墨对应的结晶衍射峰。

在定形相变材料中，多孔材料的孔径是一个重要因素。多孔材料的孔径太大，毛细作用力较弱，无法使熔融态的相变材料保持在孔道内；如果多孔材料的孔径太小，相变材料分子链运动受阻，结晶度降低，从而影响其储热 - 放热密度。多孔材料的孔道结构，对于定形相变材料是一个至关重要的因素。通过比较三种不同孔结构的多孔炭材料，发现具有微米量级孔道的膨胀石墨，在对熔融态的 PEG 起到定形作用的同时，对储热密度降低较小。

2.3.7　本节小结

孔结构对定形相变材料的影响显著。平均孔径约为 13μm 的 EG 的孔结构为蠕虫状，孔体积达到 15.73mL/g，PEG 分子链易进入其孔道，对液相的 PEG 具有良好的定形能力，PEG 的质量分数达到 90%。孔结构同样无序的 AC，其平均孔径和孔体积远小于 EG 的平均孔径和孔体积，仅为 4.0nm 和 0.79mL/g，AC 对 PEG 的定形能力也低于 EG 对 PEG 的定形能力，仅为 70%。CMK - 5 与 AC 的孔径、孔体积相当，分别为 3.5nm、1.53mL/g，但是 CMK - 5 的孔道呈有序排列，有利于 PEG 分子链进入孔道，提高了 CMK - 5 对 PEG 的定形能力，达到 90wt%。较大的孔径和孔体积，有序排列的孔道，有利于提高多孔基体材料对相变材料的定形能力。

由于界面作用和孔限域作用，PEG 与多孔炭材料复合的相变材料中，部分 PEG 分子链运动受限，呈无序态。与 AC 和 CMK - 5 相比，EG 具有较大的孔径和较小的比表面积，对 PEG 分子链结晶的阻碍作用较小，PEG/EG 复合相变材料中结晶度较大，达到 90%。与此相反，AC 和 CMK - 5 的孔径较小，其比表面积较大，由于界面作用和孔限域作用，对 PEG 分子链结晶的影响比较明显，低于 PEG/EG 复合相变材料中 PEG 的结晶度，并随着 PEG 质量分数的降低而降低。通过上述研究，具有微米量级孔径的 EG，对 PEG 具有良好的定形能力，因此导致的储热密度损失较小。在合成定形相变材料时，控制载体材料的孔结构，对于提高定形相变材料的储热性能有着重要的作用。

参 考 文 献

[1] IUPAC manual of symbol and terminology [J]. Pure Appl. Chem., 1972, 31: 578 - 638.

[2] JIANG, DING, LI. Study on transition characteristics of PEG/CDA solid - solid phase change materials [J]. Polymer, 2002, 43: 117 - 122.

[3] NOMURA, OKINAKA, AKIYAMA. Impregnation of porous material with phase change material for thermal energy storage [J], Materials Chemistry and Physics, 2009, 115: 846 - 850.

[4] PIELICHOWSKI, FLEJTUCH. Thermal properties of poly (ethylene oxide) /lauric acid blends: a SSA - DSC

study [J]. Thermochimica Acta, 2006, 442: 18 – 24.

[5] PIELICHOWSKI, FLEJTUCH. Binary blends of polyethers with fatty acids—a thermal characterization of the phase transitions [J]. Journal of Applied Polymer Science, 2003, 90: 861 – 870.

[6] LI, XUE, DING, et al. Micro – encapsulated paraffin/high – density polyethylene/wood flour composite as form – stable phase change material for thermal energy storage [J]. Solar Energy Materials and Solar Cells, 2009, 93: 1761 – 1767.

[7] PY, OLIVES, MAURAN. Paraffin porous – graphite – matrix composite as a high and constant power thermal storage material [J]. International Journal of Heat and Mass Transfer, 2001, 44: 2727 – 2737.

[8] SARI, KARAIPEKLI. Thermal conductivity and latent heat thermal energy storage characteristics of paraffin/expanded graphite composite as phase change material [J]. Applied Thermal Engineering, 2007, 27 (8 – 9): 1271 – 1277.

[9] XIA, ZHANG, WANG. Preparation and thermal characterization of expanded graphite/paraffin composite phase change material [J]. Carbon, 2010, 48 (9): 2538 – 2548.

[10] LI, LIU, FANG. Synthesis and characteristics of form – stable noctadecane/ expanded graphite composite phase change materials [J]. Applied Physics A, 2010, 100: 1143 – 1148.

[11] ZHANG, TIAN, XIAO. Experimental study on the phase change behavior of phase change material confined in pores [J]. Solar Energy, 2007, 81: 653 – 660.

[12] WANG, YANG, FANG, et al. Preparation and performance of form – stable polyethylene glycol/silicon dioxide composites as solid – liquid phase change materials [J]. Applied Energy, 2009, 86: 170 – 174.

[13] WANG, YANG, FANG, et al. Preparation and thermal properties of polyethylene glycol/expanded graphite blends for energy storage [J]. Applied Energy, 2009, 86: 1479 – 1483.

[14] HUANG, YANG, ZHANG, et al. Preparation and characterization of octyl and octadecyl – modified mesoporous SBA – 15 silica molecular sieves for adsorption of dimethylphthalate and diethyl phthalate [J]. Microporous and Mesoporous Materials, 2008, 111: 254 – 259.

[15] O' CONNOR, HOKURA, KISLER, et al. Amino acid adsorption onto mesoporous silica molecular sieves [J]. Separation and Purification Technology, 2006, 48: 197 – 201.

[16] GUAN, LIU, SHAO, et al. Preparation, characterization and adsorption properties studies of 3 – (methacryloyloxy) propyltrimethoxysilane modified and polymerized sol – gel mesoporous SBA – 15 silica molecular sieves [J]. Microporous and Mesoporous Materials, 2009, 123: 193 – 201.

[17] MIYAHARA, VINU, ARIGA. Adsorption myoglobin over mesoporous silica molecular sieves: Pore size effect and pore – filling model [J]. Materials Science and Engineering: C, 2007, 27: 232 – 236.

[18] SU, LIU. A novel solid – solid phase change heat storage material with polyurethane block copolymer structure [J]. Energy Conversion and Management, 2006, 47: 3185 – 3191.

[19] MENG, HU. A poly (ethylene glycol) – based smart phase change material [J]. Solar Energy Materials & Solar Cells, 2008, 92: 1260 – 1268.

[20] JUN, JOO, RYOO, et al. Synthesis of new, nanoporous carbon with hexagonally ordered mesostructure [J]. Journal of American Chemical Society, 2000, 122: 10712 – 10713.

[21] ZHANG, TIAN, XIAO. Experimental study on the phase change behavior of phase change material confined in pores [J]. Solar Energy, 2007, 81: 653 – 660.

[22] RADHAKRISHNAN, GUBBINS, WATANABE, et al. Freezing of simple fluids in microporous activated carbon fibers: comparison of simulation and experiment [J]. Journal of Chemical Physics, 1999, 111: 9058 – 9067.

第3章 PEG/多孔炭定形复合相变材料

3.1 PEG/AC 定形相变材料

3.1.1 概述

活性炭（Active Carbon，AC）是一种具有丰富孔隙结构和巨大比表面积的碳质吸附材料，具有吸附能力强、化学稳定性好、力学强度高等优点，广泛应用于工业、能源、农业、交通、医药卫生、环境保护等领域，如液体或气体的净化[1-4]，混合物的分离[5,6]，催化[7-11]，甚至储氢[12]。活性炭的化学性质非常稳定，能耐酸、碱，能在比较大的酸碱度范围内应用；活性炭不溶于水和其他溶剂，所以在水溶液和许多溶剂中使用活性炭能经受高温和高压作用，在有机合成中常用作催化剂或催化剂载体。

活性炭是以碳为主要成分的材料，结构比较复杂，既不像石墨、金刚石的碳原子那样具有一定规则的排列，也不像一般含碳物质那样具有复杂大分子结构。一般认为活性炭是由类似石墨的碳微晶按"螺层形结构"排列，由于微晶间的强烈交联形成了发达的孔隙结构，活性炭的孔结构与原料、生产工艺有关。活性炭中除了碳元素外，包含两类掺杂物，一类是化学结合的元素，主要是氧和氢，来源于碳化的原料，或者是在活化过程中外来的非碳元素与碳发生化学结合；另一类掺杂物是灰分，它是活性炭的无机部分，来自生产原料。

活性炭的吸附能力来自于自身巨大的比表面积，活性炭的孔隙结构是巨大比表面积的根源，因此活性炭的孔隙结构对活性炭的气体吸附能力和液体吸附能力有非常重要的影响。活性炭具有的吸附性能主要取决于其多孔性结构。活性炭中具有各种孔隙，不同的孔径能够发挥出与其相应的机能。活性炭材料的孔呈树状结构，大孔上连接许多中孔，中孔上又连接着许多微孔，外表面与大孔、中孔和微孔表面共同构成活性炭的表面，为材料提供巨大的界面。另外，活性炭的吸附能力与活性炭自身的孔径结构和被吸附物的分子尺度有关，按照分子尺度和活性炭孔径间的关系划分的吸附状态主要有以下四种[13]：

1）分子尺度大于孔径时，分子无法进入孔隙，不起吸附作用。

2）分子尺度近似等于孔径时，活性炭对吸附分子的捕捉能力非常强，适用于低浓度下的吸附。

3）分子尺度小于孔径时，分子在孔内发生毛细凝聚，吸附量大。

4）分子尺度远小于孔径时，分子容易发生脱附，脱附速度快，在低浓度下吸附量小。

Chapotard 和 Tondeur[14]利用活性炭的多孔结构定形石蜡，研究显示活性炭的平均孔尺寸对于复合体系的性能很关键，如果平均孔尺寸太小，相变材料分子的活动受阻，将影响其潜热存储能力；相反，如果孔尺寸太大，没有足够的毛细力来把持液态石蜡；介孔活性炭对于相变材料的定形最佳。因此，包含商业用 PEG 和介孔活性炭的定形相变材料对于高性能相变体系来说显得颇有潜力。将活性炭基体引入相变材料体系不可避免地会牺牲储热密度，因而复合相变材料中 PEG 的质量分数对于实际应用也很重要。本节介绍 PEG/AC 定形相变材料，重点是 PEG 相对分子质量和质量分数对复合相变材料结构和热性能的影响。

3.1.2　PEG/AC 定形相变材料的制备

化学纯的 PEG 购自国药集团化学试剂北京有限公司，平均相对分子质量分别为 1500、4000、6000 和 10000。粉末状活性炭（AC，AR）购自北京大力精细化工厂，以椰壳为原料，经过 1000℃的碳化和物理水蒸气活化制成。

采用物理共混、浸渍法制备 PEG/AC 复合相变材料。首先，将 PEG 熔化并溶解在无水乙醇中，然后在搅拌下将活性炭加入到 PEG 溶液中，超声分散后继续搅拌 4h，最后将混合液置于 80℃下干燥 72h，以便乙醇溶剂挥发去除和考察复合物在 PEG 熔点以上的温度下的定形情况。PEG/AC 复合相变材料中 PEG 的质量分数为 30%～90%，复合相变材料在 80℃（PEG 熔点以上温度）下保持三天后，发现复合相变材料中 PEG 质量分数高于 80%时有液相泄漏，因此，本节主要介绍的是 PEG 质量分数为 30%～70%的定形复合相变材料。

3.1.3　PEG/AC 定形相变材料的表征

N_2 吸附（BET）：采用 ASAP 2010 比表面积和孔尺寸分析仪（美国 Micromeritics 公司）测定样品的 BET 比表面积、总的孔体积和平均孔径。N_2 为吸附质分子，活性炭在 200℃下脱气 2h，PEG/AC 复合相变材料样品在 40℃下脱气 4h，脱气后再将样品置于分析站上进行液氮温度下的 N_2 吸附。

X 射线衍射（XRD）：样品的 XRD 谱图在 DMAX 2400 衍射仪（日本理学 Rigaku 公司）上采集，铜 Kα 靶，镍滤光，扫描速度为 4°/min，扫描范围（2θ）为 5°～50°。通过对 XRD 峰的卷积进行样品结晶度的计算。

扫描电子显微镜（SEM）：采用 S4800 扫描电镜（日本 JEOL 公司）观察样品的组织形貌。

差示扫描量热（DSC）：采用 Q100 DSC 仪（美国 Thermal Analysis 公司）测定样品的相变温度和相变焓。样品在氮气气氛中以 10℃/min 的速率在 0～100℃之间加热和冷却。

热重分析（TGA）：样品的热稳定性在 Q600 SDT TGA 仪（美国 Thermal Analysis 公司）上测得。样品置于干燥的氮气气氛下，以 10℃/min 的速率由室温升至 500℃。

3.1.4　PEG/AC 定形相变材料的结构性质

图 3.1 显示了不同 PEG 质量分数和相对分子质量的 PEG/AC 复合相变材料的 XRD 谱图。样品的 XRD 谱图显示，在 PEG 质量分数为 30%时，复合相变材料中 PEG 基本不结晶；复合相变材料的结晶度随 PEG 含量的增加而增加；在一定 PEG 质量分数下（如 70%），复合相变材料的结晶度随着 PEG 相对分子质量的增加，先增后减，PEG6000/AC 复合相变材料的结晶性最好。复合相变材料 XRD 峰的 2θ 位置基本与纯 PEG 的相同，表明介孔活性炭的引入并未影响 PEG 的晶体结构。

利用 XRD 峰的卷积计算了纯 PEG 和复合物中 PEG 的结晶度，根据计算结果，PEG1500 的结晶度为 0.77，当复合物中 PEG1500 的质量分数为 30%～80%时（见图 3.1a），相应的 PEG/AC 复合相变材料的结晶度分别为 0、0.02、0.23、0.39 和 0.42，表明 PEG/AC 复合相变材料的结晶度随活性炭含量的增加而降低，认为无定形的活性炭对于 PEG 来说相当于杂质，干扰着 PEG 晶体的生长。另外，当复合物中 PEG 含量较低时，大部分 PEG 片段受限于活性炭的孔道内或吸附在活性炭的表面，其结晶和聚集受阻；当 PEG 的质量分数下降到一定程度时（如 30%），PEG/AC 复合相变材料中的 PEG 完全无法结晶。

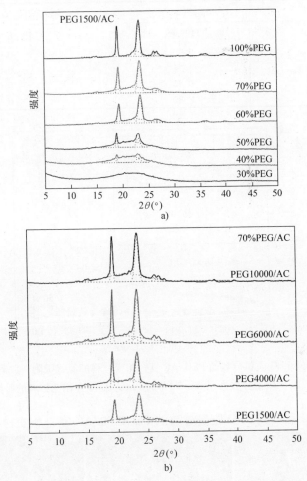

图 3.1　不同 PEG 质量分数和相对分子质量的 PEG/AC 复合相变材料的 XRD 谱图

如图 3.1b 所示，当复合物中 PEG 的相对分子质量为 1500~10000 时，在 PEG 含量一定的条件下，相应的 PEG/AC 复合相变材料的结晶度分别为 0.42、0.44、0.51 和 0.47，可见 PEG6000/AC 复合相变材料的结晶度最大。一般来说，随着 PEG 相对分子质量的增加，PEG 聚集形成晶体会相对容易，但是相对分子质量太大时（这里 >6000），过长的分子链易于缠结，导致 PEG 结晶度下降。

表 3.1 给出了 AC 与不同 PEG 质量分数的 PEG/AC 复合相变材料的 BET 测试结果。由表 3.1 可见，PEG/AC 复合相变材料的 BET 比表面积和总的孔体积随着 PEG 含量的增加而减小，而且远低于活性炭。PEG/AC 复合相变材料的氮气吸附 - 脱附等温线和孔径分布曲线如图 3.2 所示，由图可见，40% PEG/AC 复合相变材料的氮气吸附 - 脱附等温线属于 IV 型，在相对压力 p/p_0 为 0.45~1.0 范围有滞回环，表明该条件下即使活性炭与 PEG 混合也还有

介孔存在，但是较高 PEG 质量分数（如 50%、60% 和 70%）的 PEG/AC 复合相变材料的等温线却属于 II 型，表明样品可能为非孔固体，归因于 PEG 含量较高时活性炭的孔道被 PEG 所填充，但是也有可能是因为一些高分子链段堵塞活性炭孔道的入口所致。

表 3.1   AC 与 PEG/AC 复合相变材料的 BET 测试结果

样品	$S_{BET}/(m^2/g)$	$V_{pore}/(cm^3/g)$
AC	1197. 69	0. 7909
40% PEG/AC	9. 60	0. 0309
50% PEG/AC	1. 54	0. 0022
60% PEG/AC	0. 86	0. 0012
70% PEG/AC	0. 82	0. 0008

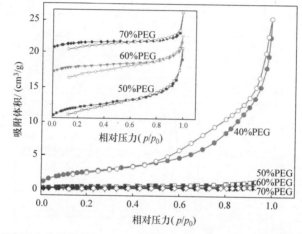

图 3.2   不同 PEG 质量分数的 PEG/AC 复合相变材料的氮气吸附 – 脱附等温线。
插图：PEG 质量分数为 50% ~ 70% 的 PEG/AC 复合相变材料的等温线

图 3.3 显示了 AC 和不同 PEG 质量分数的 PEG1500/AC 复合相变材料的 SEM 图片。由

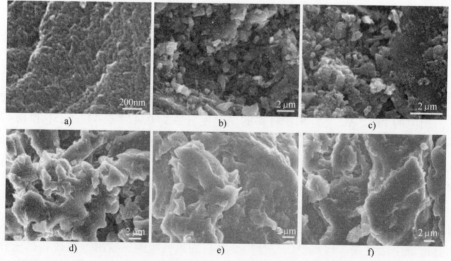

图 3.3   AC 和不同 PEG 质量分数的 PEG1500/AC 复合相变材料的 SEM 图片
a）AC   b）30% PEG   c）40% PEG   d）50% PEG   e）60% PEG   f）70% PEG

SEM 图片可见，当 PEG 的质量分数不超过 40% 时活性炭的形貌仍然可见，与图 3.2 氮气吸附的测试结果一致，即复合相变材料的等温线具有介孔特征，即使活性炭与 PEG 混合也还有介孔存在。然而，当 PEG 的质量分数高于 40% 时，仅看到 PEG 块，与样品氮气吸附测试的结果一致，相应的等温线具有非孔特征。

3.1.5　PEG/AC 定形相变材料的热性能

图 3.4 显示了不同 PEG 质量分数和相对分子质量的复合相变材料的 DSC 曲线。如图 3.4a 所示，PEG/AC 复合相变材料的熔点低于纯 PEG 的熔点，熔化热随 PEG 质量分数的减小而减小，需要注意的是，当 PEG 的质量分数降至 30% 时，复合相变材料无吸热峰和放热峰，表明 PEG 没有结晶，与 XRD 分析结果一致。活性炭一方面充当杂质阻碍 PEG 的结晶，另一方面吸附 PEG 分子链使其在牵引作用下不易结晶[15]。因此 PEG 的结晶区在活性炭的干扰下变小，导致 PEG/AC 复合相变材料的熔点和热焓降低。

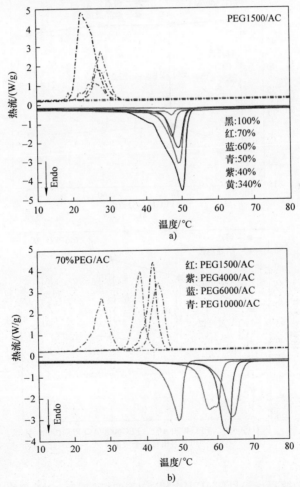

图 3.4　不同 PEG 质量分数和相对分子质量的 PEG/AC 复合相变材料的 DSC 曲线

如图 3.4b 所示，在 PEG 质量分数相同的条件下，PEG/AC 复合相变材料的相变温度随 PEG 相对分子质量的增加而增加，但是相变焓随 PEG 相对分子质量先增后减（见表 3.2），在 4 个样品中 PEG6000/AC 复合相变材料的相变焓最大，该结果符合上述提出的活性炭对 PEG 结晶性影响的理论。

表 3.2　不同 PEG 相对分子质量的 70%PEG/AC 复合相变材料的相变焓

样品	PEG1500/AC	PEG4000/AC	PEG6000/AC	PEG10000/AC
熔化焓/(J/g)	81.3	83.1	90.2	85.2
凝固焓/(J/g)	72.8	75.7	85.1	81.4

在实际应用中，必须考虑相变材料的过冷度。根据图 3.4 中样品的 DSC 测试结果，利用熔点和结晶温度之差评价样品的过冷程度，不同 PEG/AC 复合相变材料样品过冷度的比较如图 3.5 所示。由图 3.5 可见，纯 PEG 的过冷度大于 PEG/AC 复合相变材料，表明介孔活性炭与纯 PEG 的混合有利于降低相变材料的过冷度。

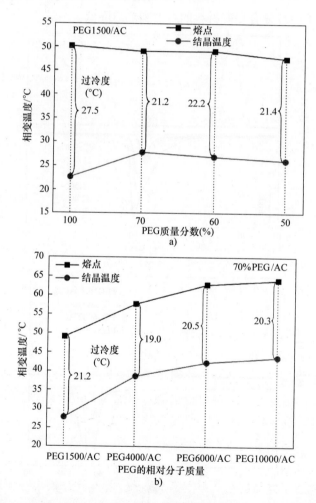

图 3.5　纯 PEG 和 PEG/AC 复合相变材料的相变温度、过冷度的比较

图 3.6 给出了不同 PEG 质量分数的 PEG/AC 复合相变材料中 PEG 与 AC 的作用机制。活性炭干扰 PEG 的结晶，当复合相变材料中 PEG 质量分数较低时，更多的 PEG 通过毛细力

和表面张力吸附在活性炭上，因此 PEG 链的活动受限，当 PEG 质量分数下降到一定程度（如 30%），复合物中的 PEG 被过量的活性炭完全限制而不能结晶。相反，当复合相变材料中 PEG 质量分数较高时，除了受限的 PEG，还存在着部分自由的 PEG，其具有一定结晶性，使得样品的潜热较大。虽然活性炭丰富的孔道限制了 PEG 的自由活动，但是在 PEG 熔点以上的温度下可维持 PEG/AC 复合相变材料的定形。

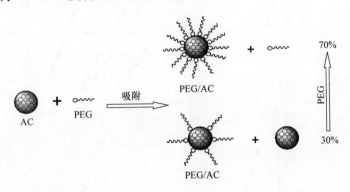

图 3.6　不同 PEG 质量分数的 PEG/AC 复合相变材料中 PEG 与 AC 的作用示意图

如果改变升温速率，DSC 曲线的峰温也将随之变化。峰温随升温速率的变化仅受活化能（E）[16]控制。活化能可以由下面的 Kissinger 方程计算：

$$\ln\left(\frac{\beta}{T_p{}^2}\right) = -\frac{E_a}{R}\left(\frac{1}{T_p}\right) + C \tag{3.1}$$

式中，β 为升温速率，研究中选定 5℃/min、7.5℃/min、10℃/min 和 12.5℃/min；T_p 为最大熔化吸热峰的峰温；E_a 为 PEG 相变的表观活化能[16]。以 $\ln(\beta/T_p{}^2)$ 对 $1/T_p$ 作图，应该得到一条直线，直线的斜率 $-E_a/R$ 即可求算表观活化能。

图 3.7 显示了不同 PEG 质量分数的 PEG/AC 复合相变材料的 Kissinger 曲线以及由此计算的相变活化能。图 3.7a 中的 Kissinger 曲线具有良好的线性，根据 Kissinger 曲线测定的纯 PEG 的表观活化能为 547.13kJ/mol。同样地，PEG 质量分数为 50%、60% 和 70% 的 PEG/AC 复合相变材料的相变活化能分别为 1030.60kJ/mol、695.98kJ/mol 和 624.61kJ/mol，表明 PEG/AC 复合相变材料中 PEG 的相变活化能高于纯 PEG，而且随 PEG 质量分数的增加而下降（见图 3.7b），归因于多孔基体与 PEG 的混合增加了 PEG 的相变阻力。类似的趋势也被 Kissinger 等在测定高岭石样品的活化能时观察到，他们发现用 $\alpha - Al_2O_3$ 1:4 稀释的高岭石的活化能较没被稀释的高岭石的活化能大得多[17]。

在相变材料研究和应用中，热稳定性是一个重要的因素，TGA 常用于评价相变材料的热稳定性。图 3.8 显示了样品的热稳定性测试结果。所有样品均为一步失重，在 250℃ 以下样品均无热分解，表明样品在 250℃ 以下具有良好的热稳定性。PEG 分解完全后剩余质量分数约 5% 的残余物，而 $x\%$ PEG 的复合相变材料在热分解完全后有约 $(100 - x + 5)\%$ 的剩余物，表明制备的样品十分均一。

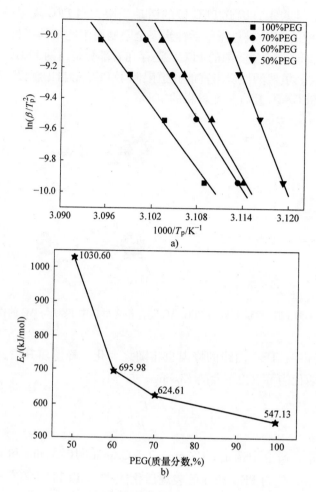

图 3.7 不同 PEG 质量分数的 PEG/AC 复合相变材料的
Kissinger 曲线和计算的相变活化能

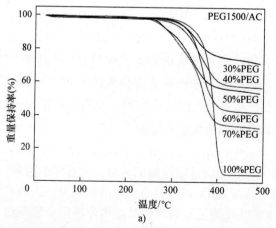

图 3.8 不同 PEG 质量分数和相对分子质量的 PEG/AC 复合相变材料的 TGA 曲线

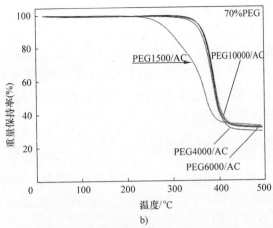

图 3.8　不同 PEG 质量分数和相对分子质量的 PEG/AC 复合相变材料的 TGA 曲线（续）

3.2　PEG/CF 定形相变材料

3.2.1　概述

泡沫炭（Carbon Foam，CF）是一种新型的耐高温材料，与其他多孔炭材料不同，孔径可在几百微米范围内进行调节，并且密度低、整体结构性好。泡沫炭还具有低热膨胀系数、耐高温以及良好导电性等优点[18,19]，其在新能源、航空航天、化工以及环保等领域有着广泛的应用前景。

其具体应用主要包括以下几个领域：

1）电极方面的应用：因泡沫炭的导电性能优良，能防止电磁波透过，可广泛应用于电磁吸收和屏蔽材料。泡沫炭也可应用于微生物燃料电池的阳极，电流密度以及体积电流密度都可以达到实际应用的要求[20]。泡沫炭的比表面积大以及结构特殊，还使其在锂硫电池应用领域受到关注[21]。硫-泡沫炭电极具有良好的导电性和特殊矩阵层次结构，使其在循环使用 50 个周期后，仍然可以保持很好的电流量。

2）作为结构材料方面的应用：泡沫炭的结构特点使其具有比较大的比表面积和良好的导热性能，因此可以用于防火防爆材料的填充物，如飞机、坦克、军用车辆及舰船油箱等。而且泡沫炭还具有丰富的孔隙结构，容易被活化，可作为吸附剂。被活化的泡沫炭材料还对化学反应具有非常明显的催化效应，成本又低，是一种良好的催化剂载体[22,23]。利用泡沫炭材料的高孔隙率、小阻力、低耗能、容易洗涤和反复使用等特点，还可以作为一种性能良好的过滤材料，可广泛应用到车辆等设备的空气过滤器上。

3）热性能方面的应用：因为泡沫炭可通过改变制备过程中的工艺方式及热处理温度对其导热性能进行调节，因此，泡沫炭可以满足宇航业、特种炉子、电子元件和火箭喷嘴等对材料耐高温、高强度的要求。泡沫炭的重量轻、高导热系数和高冷却效率等特点，符合电力电子散热器冷却材料的要求。Gallego 等[24]通过使用两种冷却剂（空气和水）对泡沫炭的冷却效率和传热系数进行评估。结果表明，泡沫炭具有响应时间短和冷却效率高等良好性能。

4）其他方面的应用：泡沫炭具有机械强度高、耐污水冲刷、耐酸耐碱性好、使用过程中不产生二次污染、可反复再生和使用等特点,使其可广泛用于生产泡沫陶瓷和泡沫金属等新材料。

本节介绍 PEG/CF 定形相变材料。以 PEG 为相变物质、泡沫炭为基体材料,通过物理共混的方法制备出一系列 PEG/CF 定形复合相变材料;利用多种测试技术对制备的样品进行表征及热性能测试,探讨了 PEG 质量分数和相对分子质量对 PEG/CF 定形相变材料定形性、相变行为、热稳定性、导热性及热循环性的影响。

3.2.2　PEG/CF 定形相变材料的制备

PEG(化学纯,CP)购自国药集团北京化学试剂有限公司,相对分子质量分别为 2000、4000、8000 和 10000;粉状泡沫炭(化学纯,CP)购自陕西盟创纳米新型材料股份有限公司;无水乙醇(分析纯,AR)购自北京化工厂。

采用物理共混及浸渍的方法制备 PEG/CF 定形相变材料。首先,取一定量(0.6g、0.7g、0.8g、0.9g)的 PEG 加热熔化并溶解在无水乙醇中,然后在搅拌下将一定量(0.4g、0.3g、0.2g、0.1g)的泡沫炭基体材料加入到 PEG 乙醇溶液中,为减少搅拌过程中乙醇的挥发,使用保鲜膜将其密封,继续搅拌 4h,最后将混合液置于 80℃的烘箱内干燥 72h,以便乙醇溶剂挥发去除和考察复合相变材料在 PEG 熔点以上的温度下的定形情况。研究发现,当复合相变材料维持在 80℃,PEG 质量分数不超过 90% 时,PEG/CF 复合相变材料可以保持定形,无液态 PEG 渗漏,即 PEG/CF 复合相变材料的定形能力为质量分数 90%。

3.2.3　PEG/CF 定形相变材料的表征和热性能测试

N_2 吸附(BET):采用 Belsorp – mini Ⅱ 比表面积分析仪(日本 BEL 公司)测定样品的 BET 比表面积和总的孔体积。N_2 为吸附质分子,泡沫炭在 200℃下脱气 2h,PEG/CF 复合相变材料样品在 60℃下脱气 3h,脱气后再将样品置于分析站上进行液氮温度下的 N_2 吸附。

红外光谱(FTIR):采用德国 Bruker 红外光谱仪测定样品的红外吸收光谱。单样扫描次数为 60,扫描范围为 400 ~ 4000cm^{-1}。

X 射线衍射(XRD):样品的 XRD 谱图在 D/max – 2500/PC 型衍射仪(日本理学 Rigaku 公司)上采集,铜 Kα 靶,镍滤光,扫描速度为 4°/min,扫描范围(2θ)为 5° ~ 50°。

扫描电子显微镜(SEM):采用 S4800 扫描电镜(日本 Hitachi 公司)观察样品的组织形貌。

差示扫描量热(DSC):采用 STA449F3 同步热分析仪(德国 Netzsch 公司)测定 PEG/CF 定形相变材料的相变温度和相变焓,研究样品的储放热性能。样品在氮气气氛中以 10℃/min 的速率在 0 ~ 100℃ 之间加热和冷却。

热重分析(TGA):采用 STA449F3 同步热分析仪(德国 Netzsch 公司)测 PEG/CF 定形相变材料的热稳定性。样品置于干燥的氮气气氛下,以 10℃/min 的速率由室温升至 500℃。

采用 LFA 447 激光闪射导热系数测量仪(德国 Netzsch 公司)测量 PEG/CF 定形相变材料和纯 PEG 在室温下(25℃)的热扩散系数,预估样品的热导性。

让样品在烘箱中熔化与冰箱中凝固之间多次循环来评估其热循环性。将 PEG/CF 定形相变材料密封在烧杯中,然后将烧杯置于 80℃的烘箱中 30min,确保相变材料完成熔化过程;之后,再将烧杯置于 0℃的冰箱中冷却 30min,确保相变材料完成凝固过程,这样便完成一次热循环。共对样品进行 200 次热循环，对热循环前后的 PEG/CF 定形相变材料采用差示扫描量热（DSC）、热重分析（TGA）测试。

3.2.4　PEG/CF 定形相变材料的表征结果

3.2.4.1　PEG/CF 定形相变材料的 BET 分析

表 3.3 给出了泡沫炭基体与不同 PEG4000 质量分数的 PEG4000/CF 复合相变材料的 BET 测试结果。由表 3.3 可见，泡沫炭有着较大的比表面积和总的孔体积，而 PEG4000/CF 复合相变材料的比表面积和孔体积随着 PEG 质量分数的增加而减小，而且远低于泡沫炭基体的，这是由 PEG 在泡沫炭表面的吸附及 PEG 堵塞泡沫炭孔道所致。

表 3.3　泡沫炭与 PEG4000/CF 复合相变材料的 BET 测试结果

样品	$S_{BET}/(m^2/g)$	$V_{pore}/(cm^3/g)$
CF	93.33	0.0723
60% PEG/CF	0.76	0.0022
70% PEG/CF	0.59	0.0012
80% PEG/CF	0.30	0.0008
90% PEG/CF	0.22	0.0005

3.2.4.2　PEG/CF 定形相变材料的 FTIR 分析

图 3.9 显示了纯 PEG、泡沫炭基体以及不同相对分子质量的 90% PEG/CF 定形相变材料的红外谱图。由图可见，泡沫炭基体（见图 3.9a）在 3400cm^{-1} 处的吸收峰归因于 –OH 的伸缩振动，2886cm^{-1} 处的吸收峰是由 C–H 的伸缩振动引起的，1646cm^{-1} 和 1109cm^{-1} 处的吸收峰分别由 C=O 和 C–O–C 的伸缩振动所致。泡沫炭在高温条件下制备而成，可能在制备过程中碳发生氧化反应生成含氧基团，如 –OH、–C=O、C–O–C 等，这些基团对泡沫炭的表面性质产生一定影响。纯 PEG 的红外光谱图（见图 3.9f）上也有上述吸收峰，此

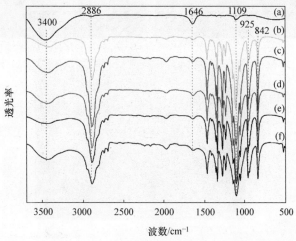

图 3.9　泡沫炭基体、纯 PEG 和不同 PEG 相对分子质量的
90% PEG/CF 定形相变材料的红外谱图
a—泡沫炭基体　b—PEG2000/CF PCM　c—PEG4000/CF PCM
d—PEG8000/CF PCM　e—PEG10000/CF PCM　f—PEG

外，还可以观察到 925cm^{-1} 和 842cm^{-1} 处的吸收峰，分别由 PEG 的结晶峰[22,23] 和 C−C−O 键引起。对比 PEG 相对分子质量不同的 PEG/CF 定形相变材料的红外光谱和纯 PEG、泡沫炭基体的红外光谱后并未发现新的吸收峰，表明泡沫炭基体与 PEG 之间仅为物理作用。但是 PEG 与泡沫炭的一些基团对应的波数发生了移动，说明 PEG 与泡沫炭可能存在一些作用力。由于 PEG 和泡沫炭基体都有 −OH，因此推测 PEG 与泡沫炭基体间存在氢键作用，该作用是阻止熔化态的 PEG 从泡沫炭基体中泄漏的因素之一。

3.2.4.3 PEG/CF 定形相变材料的 SEM 分析

图 3.10 显示了泡沫炭和不同质量分数的 PEG4000/CF 定形相变材料的 SEM 图片。由图可见，泡沫炭呈不规则的三棱柱样，表面有明显孔洞（见图 3.10a）；PEG 与泡沫炭复合后，

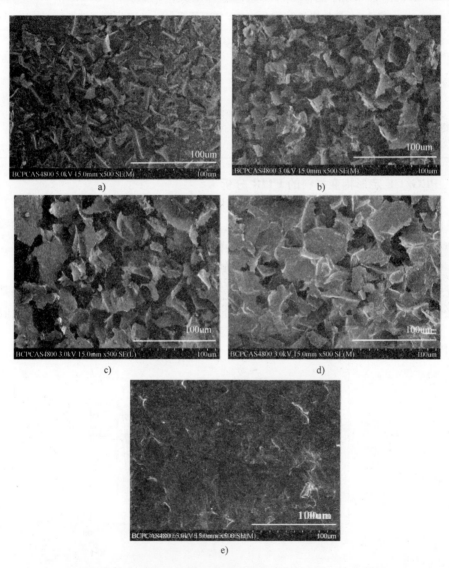

图 3.10　泡沫炭基体和不同 PEG 质量分数的 PEG4000/CF 复合相变材料的 SEM 图片

a）泡沫炭基体　b）60% PEG/CF PCM　c）70% PEG/CF PCM　d）80% PEG/CF PCM

e）90% PEG/CF PCM

因泡沫炭对 PEG 的吸附作用，PEG 附着在泡沫炭的孔洞以及表面上，复合相变材料的颗粒尺寸随 PEG 质量分数的增加而增大（见图 3.10b～e），且明显大于泡沫炭的；随着 PEG 质量分数的增加，颗粒被 PEG 粘结聚集，颗粒间的空隙减少；当 PEG 质量分数增加到 80% 时，复合相变材料除了可以观察到被 PEG 包覆的泡沫炭颗粒，还可以看到表面附着的 PEG；当 PEG 质量分数增加到 90% 时，PEG 将泡沫炭完全包裹，无法观察到泡沫炭的形貌。

3.2.4.4 PEG/CF 定形相变材料的 XRD 分析

图 3.11 为 PEG4000/CF 定形相变材料与纯 PEG 的 XRD 测试结果。由图可知，复合相变材料 XRD 峰的 2θ 位置基本与纯 PEG 的相同，表明泡沫炭定形基体的引入并未影响 PEG 的晶体结构。因此可以推断，PEG 与泡沫炭的复合仅是简单的物理共混过程，并没有生成新物质，这与红外光谱（见图 3.9）的结果一致。在复合相变材料里，PEG 的结晶衍射峰的峰强随复合材料中 PEG 质量分数的减少而变小，归因于泡沫炭对 PEG 结晶的阻碍，PEG 与泡沫炭之间形成氢键作用（FTIR 结果）以及泡沫炭基体对 PEG 的吸附作用（BET 和 SEM 结果）共同限制了 PEG 分子链的运动，使其结晶受限，如图 3.12 所示。

图 3.11 纯 PEG 与 PEG4000/CF 定形相变材料的 XRD 谱图

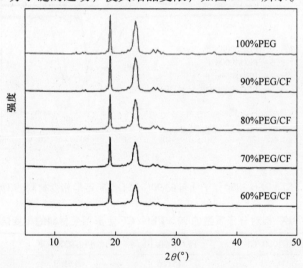

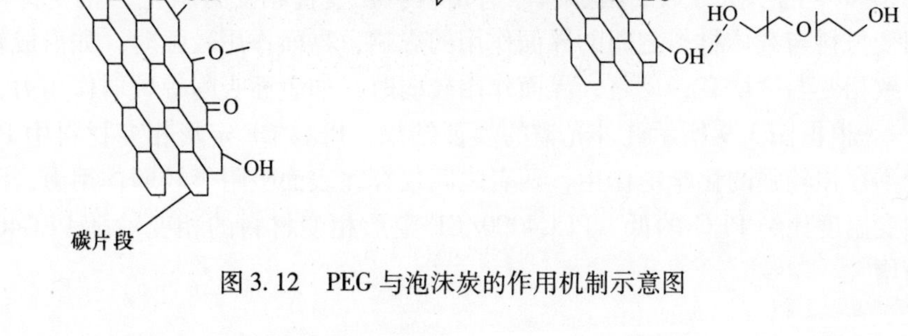

图 3.12 PEG 与泡沫炭的作用机制示意图

3.2.5 PEG/CF 定形相变材料的热性能

3.2.5.1 PEG/CF 定形相变材料的储放热分析

图 3.13 为不同 PEG 相对分子质量的 90% PEG/CF 定形相变材料的 DSC 曲线，样品的相变温度和相变焓见表 3.4。由图可见，PEG/CF 定形相变材料的相变温度随 PEG 相对分子质量的增加而明显增大，而相变焓随 PEG 相对分子质量的增加先增后减，4 个样品中，PEG4000/CF 定形相变材料的相变焓最大（168.5J/g 和 151.6J/g）。

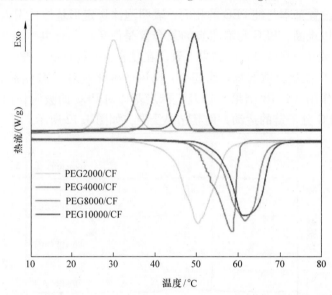

图 3.13   不同 PEG 相对分子质量的 90% PEG/CF 定形相变材料的 DSC 曲线

表 3.4   不同 PEG 相对分子质量的 90% PEG/CF 定形相变材料的相变焓和相变温度

样品	PEG2000/CF	PEG4000/CF	PEG8000/CF	PEG10000/CF
凝固焓/(J/g)	151.2	151.6	151.3	150.8
熔化焓/(J/g)	166.7	168.5	168.1	159.8
凝固点/℃	27.3	36.9	44.2	47.8
熔点/℃	49.8	61.8	62.3	62.7

改变 PEG4000/CF 定形相变材料中 PEG 的质量分数，对 PEG4000/CF 定形相变材料的相变行为进一步分析，如图 3.14 所示。表 3.5 给出了 PEG4000/CF 定形相变材料的相变温度和相变焓。由图可见，PEG4000/CF 定形相变材料的相变温度低于纯 PEG4000 的，且相变温度随着 PEG4000 的质量分数的增加而略有增大。在复合相变材料里，相变材料的相变温度变化受相变材料与载体材料之间的界面作用的影响，界面作用较强时，如形成较强的化学键作用，导致相变温度增高；反之，界面作用较弱时，如表面吸附等较弱作用力，导致相变温度降低[25]。根据图 3.9 所示红外光谱的表征结果，PEG/CF 定形相变材料中 PEG 与泡沫炭的界面处不存在较强的化学键作用，两者之间仅存在表面吸附等较弱作用力，因此定形相变材料的相变温度比纯 PEG 的低。PEG4000/CF 定形相变材料的相变焓随 PEG4000 质量分数的增大而增大。

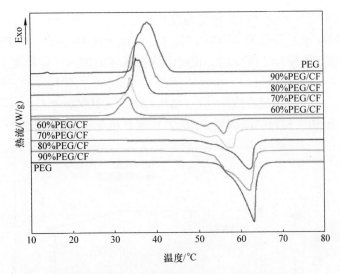

图 3.14　PEG 和不同 PEG 质量分数的 PEG4000/CF 定形相变材料的 DSC 曲线

表 3.5　PEG4000/CF 定形相变材料的相变温度和相变焓

样品	PEG	90% PEG/CF	80% PEG/CF	70% PEG/CF	60% PEG/CF
凝固焓/(J/g)	177.2	151.6	129.0	87.4	67.8
熔化焓/(J/g)	190.5	168.5	139.4	95.4	73.9
凝固点/℃	38.6	36.9	35.7	34.6	33.5
熔点/℃	62.0	61.8	61.7	57.0	55.9

　　在实际应用中，定形相变材料的过冷度和储热效率同样是很重要的。根据图 3.14 给出的 DSC 测试结果，可以通过式（3.2）计算熔化和结晶过程的热损失来评价储热效率，通过熔点与结晶温度作差来评价相变材料的过冷程度。图 3.15 给出了纯 PEG 和 PEG4000/CF 定形相变材料相变焓和热损失的对比结果，PEG4000/CF 定形相变材料的熔化热和凝固热均低于纯 PEG 的，归因于泡沫炭基体的加入减少了 PEG 的质量分数，同时干扰了 PEG 的结晶。PEG4000/CF 定形相变材料的储热效率低于纯 PEG 的，PEG 质量分数为 80% 的定形相变材料的储热效率最高。图 3.16 给出了纯 PEG 和 PEG/CF 定形相变材料的相变温度和过冷度的

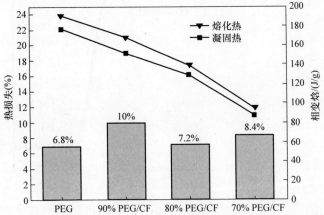

图 3.15　PEG 与 PEG4000/CF 定形相变材料的相变焓和热损失对比

对比结果，PEG/CF 定形相变材料的相变温度均低于纯 PEG 的，但过冷度与纯 PEG 相比有些小的变化，当 PEG 质量分数为 70% 时，其过冷度低于纯 PEG 的。而 PEG80% 和 90%/CF 定形相变材料的过冷度高于纯 PEG 的，说明泡沫炭基体的加入一定程度上影响了 PEG 的过冷度。

$$\text{过冷度} = (1 - \Delta H_s / \Delta H_f) \times 100\% \tag{3.2}$$

式中，ΔH_s 表示定形相变材料的凝固焓，ΔH_f 表示定形相变材料的熔化焓。

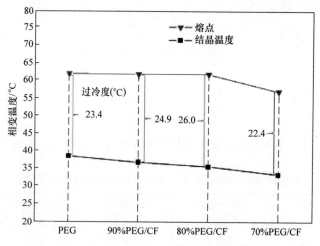

图 3.16 PEG 与 PEG/CF 定形相变材料的相变温度和过冷度

3.2.5.2 PEG/CF 定形相变材料的热稳定性分析

在相变材料研究和应用中，热稳定性是一个重要的因素，TGA 常用于评价相变材料的热稳定性。图 3.17 显示了不同 PEG 相对分子质量的 90% PEG/CF 定形相变材料的 TGA 测试结果。由图可见，泡沫炭为一步失重，如前所述，泡沫炭制备中碳可能发生氧化反应生成含氧基团，215 ~ 320℃ 范围内的一步失重可能为含氧基团受热分解所致。但在这个温度区间定

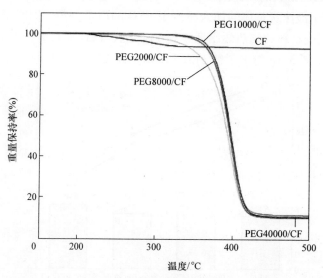

图 3.17 泡沫炭基体与不同 PEG 相对分子质量的 90% PEG/CF 定形相变材料的 TGA 曲线

形相变材料并没有发生明显失重，这可能由于泡沫炭的表面含氧基团与 PEG 的末端羟基形成氢键，使含氧基团分解受限。从图中还可以看到，不同 PEG 相对分子质量的 PEG/CF 定形相变材料样品均为一步失重，其中 PEG2000/CF 定形相变材料样品在 220℃开始热分解，表明该样品在 220℃以下具有良好的热稳定性，而其余 PEG 相对分子质量的 90%PEG/CF 定形相变材料在 320℃左右开始热分解，这样的热分解温度差主要是由于不同相对分子质量的 PEG 的热分解温度有所差异而导致的。所有制备的 PEG/CF 定形相变材料均在 420℃左右完全热分解，剩余约 11%的残余物（泡沫炭和极少量 PEG 存在的杂质），表明制备的样品十分均匀，且 PEG 和泡沫炭在复合相变材料制备过程中基本无损失。

3.2.5.3　PEG/CF 定形相变材料的热扩散系数分析

PEG/CF 定形相变材料的导热性能直接影响了材料的应用效果，由于 PEG 导热能力较差，需要利用基体材料提高其导热能力。而热扩散系数 α 为导热性能的主要影响因素，热导率计算见式（3.3），通过测试相变材料的热扩散系数对其导热性能进行预估。表 3.6 可见，不同相对分子质量的复合相变材料有着相似的热扩散系数，且均比纯 PEG 的热扩散系数高；由表 3.7 可见，随着基体材料质量分数的增加，热扩散系数也随之增加，表明泡沫炭基体的加入可以提高相变材料的导热性能。

$$\lambda = \alpha \cdot c_p \cdot \rho \tag{3.3}$$

式中，α 表示热扩散系数，c_p 表示比热容，ρ 表示密度。

表 3.6　不同 PEG 相对分子质量的 PEG/CF 定形相变材料的热扩散系数

样品	PEG2000/CF	PEG4000/CF	PEG8000/CF	PEG10000/CF	PEG4000
样品厚度/mm	1.67	2.36	2.42	3.20	1.71
α/(mm²/s)	0.21	0.22	0.22	0.22	0.15

表 3.7　不同 PEG 质量分数的 PEG4000/CF 定形相变材料的热扩散系数

样品	60%PEG/CF	70%PEG/CF	80%PEG/CF	90%PEG/CF	PEG
样品厚度/mm	1.40	1.49	1.51	2.36	1.71
α/(mm²/s)	0.29	0.27	0.25	0.22	0.15

3.2.5.4　PEG/CF 定形相变材料的热循环性分析

对 90%、80%PEG4000/CF 定形相变材料进行热循环测试，在热循环 80 次时，90%PEG/CF 定形相变材料发生泄漏，周围出现极少部分的 PEG 液体。这种现象可能是由于吸附在泡沫炭表面上的 PEG，在经过 80 次热循环后，吸附在最外层的部分 PEG 在反复热作用下解吸，因此发生了泄漏现象。而 80%PEG/CF 定形相变材料在进行 200 次热循环后，也未发生泄漏现象，仍然具有很好的定形能力。利用 FTIR、DSC 和 TGA 对热循环前后 PEG/CF 定形相变材料的表面性质、储放热性能和热稳定性进行研究。

（1）FTIR 分析

图 3.18 为热循环前、后 80%PEG4000/CF 定形相变材料的红外谱图。由图可知，热循环 200 次后的红外谱图与热循环前的几乎保持一致，说明 PEG 质量分数为 80%的 PEG/CF 定形相变材料 200 次热循环后并没有发生化学反应产生新的物质而出现新的吸收峰，其表面性质不受反复熔化和结晶的影响。

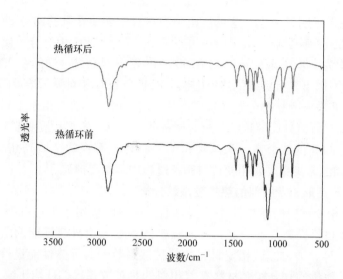

图3.18　热循环前、后80％PEG4000/CF定形相变材料的红外谱图

（2）DSC分析

图3.19为热循环前、后80％PEG4000/CF定形相变材料的DSC曲线。200次热循环前、后80％PEG4000/CF定形相变材料的相变温度和相变焓见表3.8。由图可见，80％PEG4000/CF复合相变材料经过200次热循环后DSC曲线变化很小，其凝固点和熔点分别改变了0.5℃和0.2℃，凝固焓和熔化焓变化了3.7J/g和3.3J/g。PEG质量分数为80％的PEG4000/CF定形相变材料具有良好的热循环性。

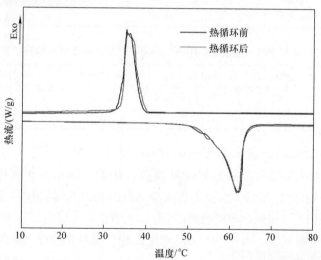

图3.19　热循环前、后80％PEG4000/CF定形相变材料的DSC曲线

表3.8　热循环前、后80％PEG4000/CF定形相变材料的相变温度和相变焓

相变	T_{before}/℃	T_{after}/℃	ΔT/℃	ΔH_{before}/(J/g)	ΔH_{after}/(J/g)	$\Delta H_{before} - \Delta H_{after}$/(J/g)
凝固	35.6	36.1	0.5	129.0	125.3	3.7
熔化	61.8	61.6	0.2	139.4	136.1	3.3

（3）TGA 分析

图 3.20 显示了 200 次热循环前、后 PEG4000/CF 定形相变材料的 TGA 测试结果。由图可见，PEG4000/CF 定形相变材料热循环前、后 TGA 曲线基本保持一致，均在 320℃左右开始一步失重，405℃左右 PEG 热分解结束，表明 200 次热循环后的 80% PEG/CF 定形相变材料样品在 320℃以下仍然具有良好的热稳定性。

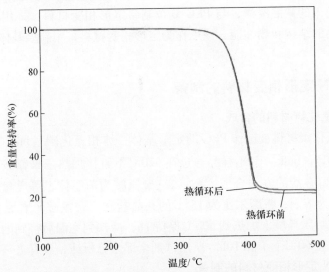

图 3.20　热循环前、后 PEG4000/CF 定形相变材料的 TGA 曲线

3.2.6　本节小结

以泡沫炭为基底将其与 PEG 物理共混制备出定形能力为质量分数 90% 的 PEG/CF 复合相变材料，表征结果发现 PEG 吸附在 CF 上，PEG 与 CF 之间只存在简单的物理吸附作用，并没有发生化学变化生成新物质。热性能研究表明，复合相变材料的相变温度随 PEG 相对分子质量的增加而增大，相变焓随 PEG 相对分子质量的增大而先增后减，相对分子质量为 4000 时 PEG/CF 定形相变材料的相变焓最大为 168.5J/g，PEG4000/CF 定形相变材料的相变温度和相变焓随 PEG 质量分数的增加而增大，所有制备的定形相变材料在 220℃以下均具有良好的热稳定性。PEG/CF 定形复合相变材料的热扩散系数随着泡沫炭基体含量的增加而增大，泡沫炭基体的加入可以提高 PEG 的导热性能。200 次热循环后，PEG/CF 定形相变材料的定形能力为质量分数 80%，热循环后样品的相变温度和相变焓较热循环前仅有 0.5℃、0.2℃和 3.7J/g、3.3J/g 的变化，表明样品具有良好的热循环性。

3.3　PEG/CN 定形相变材料

3.3.1　概述

石墨相氮化碳（graphitic carbon nitride，g-C_3N_4）由于其独特的性能，可望成为碳材料在各种潜在应用中的补充材料[26-33]，人们预测 C_3N_4 具有与金刚石相当的体积模量，C_3N_4 的结构使其具有非常高的热导率和介孔性能，这些性能利于 PEG 作为相变材料时克服液相泄漏的缺点。g - C₃N₄ 可通过氰胺、双氰胺、三聚氰胺、硫氰酸铵等前驱体的缩合大规模制得[34-37]，g - C₃N₄ 也是环境条件下氮化碳（CN）中最稳定的一种，在空气中可以稳定到 600℃，在水和有机溶剂中也有良好的稳定性。一般来说，由于前驱体的不完全缩合，g - C₃N₄ 的结构中存在结构缺陷和表面纯化。将 g - C₃N₄ 用作相变材料基体的研究工作十分有限，本节介绍 PEG/CN 定形相变材料，选用石墨相氮化碳材料（bulk - C₃N₄ 和 CNIC）为定形基体，通过简单的共混浸渍，与 PEG 复合制备定形相变材料，采用多种测试技术表征分析定形相变材料的结构和热性能，该工作为定形相变材料采用新型基体材料的设计提供一定参考。

3.3.2　PEG/CN 定形相变材料的制备

3.3.2.1　石墨相氮化碳材料的合成

两种石墨相氮化碳材料被选作 PEG 的定形基体：体相氮化碳（bulk - C₃N₄）和氮化碳层间化合物（CNIC），bulk - C₃N₄ 样品通过在 520℃下直接加热三聚氰胺 4h 获得，CNIC 样品通过 500℃焙烧熔融盐的方法合成[38]，以三聚氰胺为前驱体，等质量比的 LiCl·H₂O - KCl - NaCl 共晶物为溶剂，将摩尔比为 15:1 的共晶盐和三聚氰胺研磨混合均匀后置于石英玻璃烧杯中，在半封闭环境下加热到 500℃保持 1h，冷却到室温后得到的黄色粉末用去离子水离心洗涤，最后在 60℃下干燥 10h。所用试剂全部为分析纯，没有进一步纯化。

3.3.2.2　PEG/CN 定形相变材料的制备

化学纯的 PEG（相对分子质量为 6000）购自国药集团化学试剂北京有限公司。采用物理共混和浸渍的方法制备不同 PEG 质量分数（40% ~ 90%）的复合相变材料，首先将 xg PEG（$x = 0.2 ~ 0.45$）熔化，并溶解在 20mL 无水乙醇（分析纯，纯度 > 99.7%）中形成均质溶液；然后，将 $(0.5 - x)$g 氮化碳材料在搅拌下加入上述 PEG 溶液，形成的溶液继续搅拌 4h；最后，将混合液置于 80℃干燥 72h，以便乙醇溶剂挥发去除和考察复合物在 PEG 熔点以上的温度下的定形情况，研究发现，PEG6000/CN 复合相变材料中 CNIC 基体对 PEG 的定形能力为 60wt%，而 bulk - C₃N₄ 基体对 PEG 的定形能力仅为 40wt%。

3.3.3　PEG/CN 定形相变材料的性能分析

粉末 X 射线衍射（XRD）：样品的 XRD 谱图在 D8 - advance Bruker 衍射仪上 40kV、100mA 下采集，铜 Kα 靶，镍滤光，扫描速度为 5°/min，扫描范围（2θ）为 5°~80°。

红外光谱（FTIR）：采用 VERTEX 70 红外光谱仪（德国 Bruker 公司）测定样品的红外吸收光谱。单样扫描次数为 60，扫描范围为 $400 ~ 4000 \text{cm}^{-1}$，分辨率为 4cm^{-1}。将极少量的样品与溴化钾（约 1:100 的比例）混合磨匀，制成小压片。

扫描电子显微镜（SEM）：采用 S - 5500 日立扫描电镜观察样品的组织形貌。

N₂ 吸附（BET）：采用氮气吸附的方法，在 Autosorb - iQ - MP 气体吸附分析仪（美国 Quantachrom 公司）上测定氮化碳材料的 BET 比表面积、总的孔体积和平均孔径。

差示扫描量热（DSC）：采用 Q2000 DSC 仪（美国 Thermal Analysis 公司）测定样品的相变温度和相变焓。样品在氮气气氛中以 10℃/min 的速率在 -40 ~ 90℃ 之间加热和冷却。

热重分析（TGA）：样品的热稳定性在 Q600 SDT TGA 仪（美国 Thermal Analysis 公司）上测得。样品置于干燥的氮气气氛下，以 10℃/min 的速率由 0℃ 升至 1200℃。

3.3.4　PEG/CN 定形相变材料的结构性质

采用 XRD 研究了样品的相结构。图 3.21a 显示 bulk-C_3N_4 和 PEG6000/bulk-C_3N_4 复合相变材料具有相似的衍射峰，与文献报道的 g-C_3N_4 由单氰胺、双氰胺和三聚氰胺聚合制备一致。13.2°处的衍射峰对应于 $d = 0.67nm$ 的层间距和（100）衍射指标，与三均三嗪类化合物单元的面内有序有关。对应于 $d = 0.32nm$ 的 27.5°处的高强度衍射峰为芳香段层间堆积的特征峰，相应于石墨材料的（002）峰。PEG6000/bulk-C_3N_4 复合相变材料未见 PEG 结晶峰，表明 bulk-C_3N_4 基体完全阻止了 PEG 的晶体生长，因此未见结晶峰。

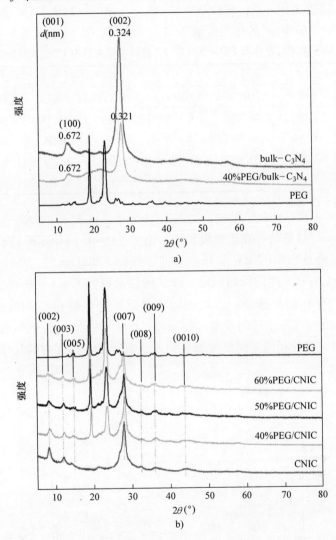

图 3.21　PEG6000、氮化碳基体及其定形相变材料的 XRD 谱图

图 3.21b 显示了 PEG6000/CNIC 复合相变材料的衍射峰，其由 PEG 和 CNIC 组成，表明 CNIC 基体没有影响 PEG 的晶体结构，复合相变材料中 PEG 和 CNIC 基体之间没有发生化学反应。此外，PEG6000/CNIC 复合相变材料中 PEG 在 19.11°和 23.31°处的衍射峰的相对强

度随 CNIC 质量分数的增加而减弱，因此 CNIC 干扰了 PEG 的结晶。当 PEG 质量分数为 40% 时，PEG6000/CNIC 复合相变材料有 PEG 特征峰存在，而 PEG6000/bulk – C_3N_4 复合相变材料没有 PEG 峰，显示了 bulk – C_3N_4 基质对 PEG 结晶的影响比 CNIC 基质强许多。

图 3.21b 中 CNIC 的 XRD 衍射图显示了一系列衍射峰，与石墨相层间化合物类比，8.2°、12.0°、21.3°、27.8°、32.1°、36.0° 和 44.2° 处的系列衍射峰分别对应于（002）、（003）、（005）、（007）、（008）、（009）和（0010），表明通过简单的熔融盐中三聚氰胺热缩聚成功合成了氮化碳层间化合物（CNIC）。与 CNIC 基体相比，PEG6000/CNIC 复合相变材料中前述的（00l）衍射峰略微移至高角度，表明 PEG 加入后使 CNIC 层间距变小，层间距值 d 见表 3.9。由表 3.9 可见，PEG6000/CNIC 复合相变材料中 CNIC 的 d 值低于 CNIC 基体的，可能为 PEG 和 CNIC 间的作用所致。

表 3.9 CNIC 基体与 PEG6000/CNIC 定形相变材料中 CNIC 的层间距 d

样品	d/nm						
	（002）	（003）	（005）	（007）	（008）	（009）	（0010）
CNIC	1.080	0.736	0.424	0.320	0.279	0.249	0.207
40% PEG/CNIC	1.060	0.721	0.417	0.318	0.276	0.248	0.200
50% PEG/CNIC	1.080	0.728	0.417	0.319	0.275	0.248	0.201
60% PEG/CNIC	1.080	0.736	0.420	0.320	0.271	0.249	0.202

采用 FTIR 分析了样品的化学结构，如图 3.22 所示。纯 PEG 的红外光谱上，$1143cm^{-1}$、$1108cm^{-1}$ 和 $1066cm^{-1}$ 波数处存在 3 个吸收峰，由 C – O – C 的伸缩振动引起；$3437cm^{-1}$ 和 $1629cm^{-1}$ 处的吸收峰分别归因于羟基和水的伸缩振动；$2881cm^{-1}$、$954cm^{-1}$ 和 $841cm^{-1}$ 处的吸收峰分别由 –CH_2 官能团的伸缩振动、PEG 的结晶峰和 C – C – O 键引起。bulk – C_3N_4 基质的红外光谱上存在两类振动：三均三嗪类单元的特征峰位于 $810cm^{-1}$ 附近，$1244 \sim 1629cm^{-1}$ 区的峰归因于 CN 杂环的骨架伸缩振动，bulk – C_3N_4 的这些吸收峰在 PEG/bulk – C_3N_4 复合相变材料的红外光谱上同样能观察到。然而，复合相变材料红外光谱上 PEG 主要

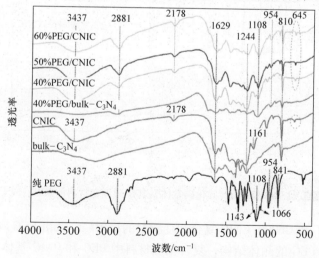

图 3.22 PEG6000、氮化碳基体及其定形相变材料的红外光谱图

官能团的一些吸收峰消失了，与 XRD 结果一致，bulk – C$_3$N$_4$基体破坏了 PEG 的结晶。

CNIC 基体的红外光谱上除了上述 bulk – C$_3$N$_4$的两类振动外，还可观察到 3437cm^{-1} 和 2178cm^{-1}处的吸收峰，归因于 – NH 的伸缩振动。1161cm^{-1}处的峰由 C – N 官能团伸缩振动所致，645cm^{-1}处的峰由 – NH 弯曲振动引起。

PEG6000/CNIC 复合相变材料光谱上基本可见 PEG 和 CNIC 的吸收峰，除了 PEG 和 CNIC 的特征峰没有新峰出现，表明 PEG 和 CNIC 间的作用为物理性的，与 XRD 结果一致。CNIC 光谱上 1161cm^{-1}处的 C – N 吸收峰在复合相变材料的光谱上向 1108cm^{-1}低波数移动，可能由于 CNIC 桥氮原子与 PEG 末端羟基形成的氢键的强作用力造成的。

SEM 图片显示了样品的微结构，如图 3.23 所示。bulk – C$_3$N$_4$基体为不规则片状（见图 3.23a），在 PEG6000/bulk – C$_3$N$_4$复合相变材料中其被 PEG 均匀包裹（见图 3.23b），复合相变材料的形貌均匀光滑，PEG 和 bulk – C$_3$N$_4$间没有空隙，表明 PEG 与 bulk – C$_3$N$_4$很好结合，两者之间界面粘附强，这限制了 PEG 的自由活动，阻碍了 PEG 晶区形成，因此 PEG/

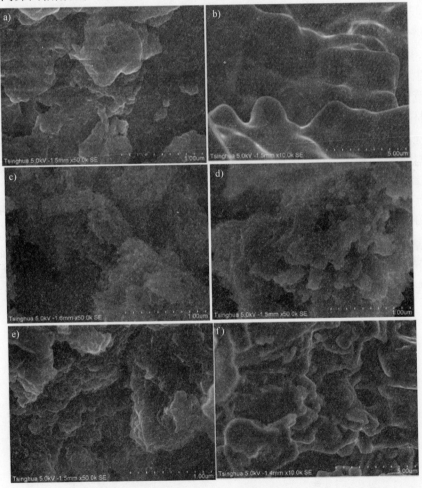

图 3.23　氮化碳基体和不同 PEG 质量分数的定形相变材料的 SEM 图片

a) bulk – C$_3$N$_4$　b) 40% PEG/bulk – C$_3$N$_4$　c) CNIC　d) 40% PEG/CNIC

e) 50% PEG/CNIC　f) 60% PEG/CNIC

bulk – C_3N_4复合相变材料的 XRD 谱图上没有 PEG 结晶峰。图 3.23c 中 CNIC 基体显示出多孔结构，由纳米棒团聚而成，表 3.10 所示的两种氮化碳基体的氮气吸附 – 脱附结果也显示了 CNIC 的比表面积达 $77m^2/g$，较 bulk – C_3N_4 的 $5m^2/g$ 高得多。图 3.23d ~ f 中 PEG6000/CNIC 复合相变材料的 SEM 图片显示了被 PEG 封装的 CNIC、PEG 和 CNIC 的形貌，由于一部分 PEG 分子链为未受限状态，因此 PEG 可以结晶，与图 3.21b 所示的 PEG6000/CNIC 复合相变材料可见 PEG 结晶峰的 XRD 结果一致。

表 3.10　氮化碳基体的孔特性

基体	$S_{BET}/(m^2/g)$	$V_{pore}/(cm^3/g)$	D_{pore}/nm
bulk – C_3N_4	5	0.04	31.6
CNIC	77	0.32	16.5

3.3.5　PEG/CN 定形相变材料的热性能

图 3.24 显示了纯 PEG 和不同 PEG 质量分数的复合相变材料加热和冷却过程的 DSC 曲线。起始熔化/结晶温度（T_{mo}/T_{co}）、结束熔化/结晶温度（T_{me}/T_{ce}）、峰值熔化/结晶温度（T_m/T_c）和熔化/结晶焓（$\Delta H_m/\Delta H_c$）见表 3.11。如图 3.24 和表 3.11 所示，PEG 的固 – 液相变发生在 53.3 ~ 75.2℃ 之间，峰值温度为 67.8℃，熔化热为 194.3J/g。在冷却过程中，相变温度范围为 42.8 ~ 21.3℃，峰值温度为 31.7℃，释放 173.2J/g 热。PEG/ bulk – C_3N_4 复合相变材料没有吸热和放热峰，与 XRD 结果一致，这是由于 bulk – C_3N_4 作为杂质对 PEG 结晶的干扰。不同 PEG 含量的 PEG/CNIC 复合相变材料的 T_{mo}、T_{co}、T_{me}、T_{ce}、T_m 和 T_c 差别不大，与纯 PEG 相比，相变温度 T_m 和 T_c 分别减少约 24℃ 和 19℃，比文献报道的其他定形相变材料的多；PEG/CNIC 复合相变材料的相变焓（ΔH_m：35.0 ~ 45.8J/g 和 ΔH_c：29.3 ~ 42.7J/g）随着 CNIC 的添加而减少，明显低于其理论值（纯 PEG 的相变焓乘以复合相变材料中 PEG 的质量分数，如 40% PEG/CNIC 复合相变材料熔化焓：194.3J/g × 40% = 77.7J/g，结晶焓：173.2J/g × 40% = 69.3J/g），这主要因为 CNIC 基体对 PEG 结晶的干扰作用，由于介孔限域、强的分子间氢键和表面吸附作用，CNIC 基体阻碍 PEG 分子链规则排列成晶格，进而导致相变焓的下降。

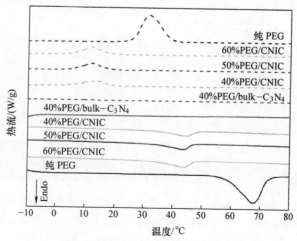

图 3.24　纯 PEG 和不同 PEG 质量分数的定形相变材料的 DSC 曲线

表 3.11　热循环下 PEG 和不同 PEG 含量的 PEG/CNIC 定形相变材料的热性能

样品	T_{mo}/℃	T_{me}/℃	T_m/℃	ΔH_m/(J/g)	T_{co}/℃	T_{ce}/℃	T_c/℃	ΔH_c/(J/g)
纯 PEG	53.3	75.2	67.8	194.3	42.8	21.3	31.7	173.2
40% PEG	33.3	48.8	44.4	35.0	21.9	3.6	13.7	29.3
50% PEG	33.5	48.1	43.9	40.6	22.3	3.2	12.3	37.9
60% PEG	32.9	47.9	43.8	45.8	23.0	2.3	12.0	42.7

在实际应用中，必须考虑相变材料的过冷度。利用图 3.24 所示的 DSC 测试结果对熔化温度和结晶温度作差求过冷度，不同 PEG/CNIC 复合相变材料过冷度的比较如图 3.25 所示，纯 PEG 的过冷度大于 PEG/CNIC 复合相变材料中 PEG 的，表明通过共混多孔 CNIC 有助于降低 PEG 的过冷度。

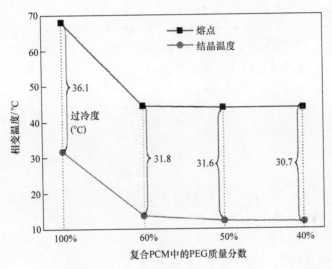

图 3.25　纯 PEG 和 PEG/CNIC 定形相变材料的相变温度、过冷度的比较

以 TGA 表征热稳定性，图 3.26 中 PEG6000 从 300℃ 到 428℃ 一步失重，表明 PEG6000 在 300℃ 以下具有良好的热稳定性。bulk - C_3N_4 基体也为一步失重，在 510℃ 以下没有分解，因此 PEG/bulk - C_3N_4 复合相变材料相对于 PEG 和 bulk - C_3N_4 基体有两步失重。此外，值得注意的是，纯 PEG 有质量分数为 3% 的未知残留物，40% PEG/bulk - C_3N_4 复合相变材料在 428℃ 有质量分数为 63% 的未知残留物，证明制备的 PEG/bulk - C_3N_4 复合相变材料非常均匀并含 40% 的 PEG，即复合相变材料制备中未损失 PEG。

由图 3.26b 可知，CNIC 基体分三步失重，所有 PEG/CNIC 复合相变材料样品相对于 PEG 的一步失重和 CNIC 的三步失重为四步失重，不同 PEG 含量的 PEG/CNIC 复合相变材料的三种 TGA 曲线在 PEG 完全分解前很好地重合在一起，在 428℃ PEG 分解后 PEG 质量分数为 40%、50% 和 60% 的 PEG/CNIC 复合相变材料分别有 55%、45% 和 35% 的残留物，也证明了制备的 PEG/CNIC 复合相变材料是均一的，制备中无 PEG 损失。

3.3.6　本节小结

80℃（PEG 熔点以上）时，对于 PEG/bulk - C_3N_4 和 PEG/CNIC 复合相变材料而言，稳

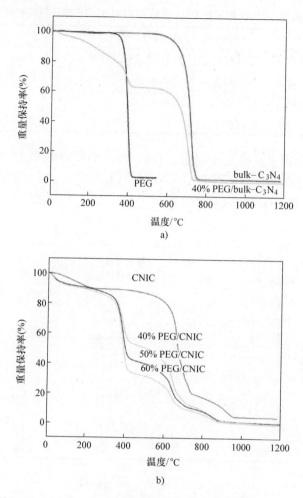

图 3.26　纯 PEG、氮化碳基体及其定形相变材料的 TGA 曲线

定在其中的 PEG 的最大质量分数分别为 40% 和 60%。PEG/bulk – C_3N_4 复合相变材料中 PEG 的结晶和相变行为因 bulk – C_3N_4 作为杂质干扰了 PEG 的结晶而被完全阻止。不同 PEG 含量的 PEG/CNIC 定形相变材料的相变温度 T_m 和 T_c 相差不大，与纯 PEG 相比，分别降低了 24℃ 和 19℃。同时，PEG/CNIC 定形相变材料中 PEG 的过冷度比纯 PEG 的低很多，石墨相氮化碳基体材料有利于显著降低相变材料的相变温度和过冷度。PEG/CNIC 定形相变材料的相变焓随 PEG 质量分数的增加而增大，60% PEG/CNIC 定形相变材料的相变焓最大，ΔH_m 和 ΔH_c 分别为 45.8J/g 和 42.7J/g，毛细力、表面积和氢键被认为是影响 PEG/CNIC 定形相变材料结晶和相变行为的重要因素。

参 考 文 献

[1] SIMPSON. Biofilm processes in biologically active carbon water purification [J]. Water Research, 2008, 42: 2839 – 2848.

[2] SPAHIS, ADDOUN, MAHMOUDI, GHAFFOUR. Purification of water by activated carbon prepared from olive stones [J]. Desalination, 2008, 222: 519 – 527.

［3］ OTOWA, NOJIMA, MIYAZAKI. Development of KOH activated high surface area carbon and its application to drinking water purification ［J］. Carbon, 1997, 35: 1315 – 1319.

［4］ MA, NING, ZHANG, et al. Experimental and modeling of fixedbed reactor for yellow phosphorous tail gas purification over impregnated activated carbon ［J］. Chemical Engineering Journal, 2008, 137: 471 – 479.

［5］ CHAN, CHEUNG, ALLEN, et al. Separation of acid – dyes mixture by bamboo derived active carbon ［J］. Separation and Purification Technology ［J］.2009, 67: 166 – 172.

［6］ NAONO, HAKUMAN, SHIMODA, et al. Separation of water and ethanol by the adsorption technique: selective desorption of water from micropores of active carbon ［J］. Journal of Colloid and Interface Science, 1996, 182: 230 – 238.

［7］ MEHANDJIEV, KHRISTOVA, BEKYAROVA. Conversion of NO on Co – impregnated active carbon catalysts ［J］. Carbon, 1996, 34 : 757 – 762.

［8］ FUKUYAMA TERAI, UCHIDA, et al. Active carbon catalyst for heavy oil upgrading ［J］. Catalysis Today, 2004, 98: 207 – 215.

［9］ LIA, LI, LI, et al. TiO$_2$ – coated active carbon composites with increased photocatalytic activity prepared by a properly controlled sol – gel method ［J］. Materials Letter, 2005, 59: 2659 – 2663.

［10］ KONISHI, SUDA, IMAMURA. Selective catalysis by lanthanides dispersed on supports (silica, alumina and active carbon) ［J］. Journal of Alloys and Compounds, 1995, 225: 629 – 632.

［11］ FUKUYAMA, TERAI. Preparing and characterizing the active carbon produced by steam and carbon dioxide as a heavy oil hydrocracking catalyst support ［J］. Catalysis Today, 2008, 130: 382 – 388.

［12］ HU, GAO, WU, et al. A novel kind of copper – active carbon nanocomposites with their high hydrogen storage capacities at room temperature ［J］. International Journal of Hydrogen Energy, 2007, 32: 1943 – 1948.

［13］ L Rodriguez – Reinoso F. The role of carbon materials in heterogeneous catalysis ［J］. Carbon, 1998, 36 (3): 159 – 175.

［14］ CHAPOTARD, TONDEUR. Dynamics of latent heat storage in fixed beds, a nonlinear equilibrium model, the analogy with chromatography ［J］. Chemical Engineering Communications, 1983, 24: 183 – 204.

［15］ JIANG, DING, LI. Study on transition characteristics of PEG/CDA solid – solid phase change materials ［J］. Polymer, 2002, 43: 117 – 120.

［16］ KISSINGER. Variation of peak temperature with heating rate in differential thermal analysis ［J］, Journal of Research of the National Bureau of Standards, 1956, 57: 217 – 221.

［17］ KISSINGER. Reaction kinetics in differential thermal analysis ［J］. Analytical Chemistry, 1957, 29: 1702 – 1706.

［18］ DRUMA, ALAM, DRUMA. Analysis of thermal conduction in carbon foams ［J］. International Journal of Thermal Sciences, 2004, 43 (7): 689 – 695.

［19］ WANG, MIN, CAO, et al. Effect of heating conditions on pore structure and performance of carbon foams ［J］. New Carbon Materials, 2009, 24 (4): 321 – 326.

［20］ CRITTENDEN, PATTON, JOUIN, et al. Carbon monoliths: A comparison with granular materials ［J］. Adsorption, 2005, 11 (1): 537 – 541.

［21］ TAO, CHEN, XIA, et al. Highly mesoporous carbon foams synthesized by a facile, cost – effective and template – free pechini method for advanced lithium – sulfur batteries ［J］. Journal of Materials Chemistry A, 2013, 1 (10): 3295 – 3301.

［22］ LI, DING. Preparation and characterization of cross – linking peg/mdi/pe copolymer as solid – solid phase change heat storage material ［J］. Solar Energy Materials & Solar Cells, 2007, 91 (9): 764 – 768.

［23］ KHUDHAIR, FARID. A review on energy conservation in building applications with thermal storage by latent heat using phase change materials [J]. Energy Conversion & Management, 2004, 45 (2): 263 –275.

[24] GALLEGO, KLETT. Carbon foams for thermal management [J]. Carbon, 2003, 41 (7): 1461 – 1466.

[25] 王崇云, 李国玲, 王维, 等. 载体材料表面性质对定形相变材料相变行为的影响 [J]. 沈阳工业大学学报, 2014, 36 (1): 39 – 44.

[26] DANTE, PABLO, ADRIANA, et al. Synthesis of graphitic carbon nitride by reaction of melamine and uric acid [J]. Materials Chemistry and Physics, 2011, 130: 1094 – 1102.

[27] YANG, GONG, ZHANG, et al. Exfoliated graphitic carbon nitride nanosheets as efficient catalysts for hydrogen evolution under visible light [J]. Advanced Materials, 2013, 25: 2452 – 2456.

[28] TIAN, LIU, ASIRI, et al. Ultrathin graphitic carbon nitride nanosheet: a highly efficient fluorosensor for rapid ultrasensitive detection of Cu^{2+} [J]. Analytical Chemistry, 2013, 85: 5595 – 5599.

[29] YAN, LI, ZOU. Photodegradation performance of $g – C_3 N_4$ fabricated by directly heating melamine [J]. Langmuir, 2009, 25: 10397 – 10401.

[30] ZHENG, LIU, LIANG, et al. Graphitic carbon nitride materials: controllable synthesis and applications in fuel cells and photocatalysis [J]. Energy & Environmental Science, 2012, 5: 6717 – 6731.

[31] WANG, BLECHERT, ANTONIETTI. Polymeric graphitic carbon nitride for heterogeneous photocatalysis [J]. ACS Catalysis, 2012, 2: 1596 – 1606.

[32] THOMAS, FISCHER, GOETTMANN, et al. Graphitic carbon nitride materials: variation of structure and morphology and their use as metal – free catalysts [J]. Journal of Materials Chemistry, 2008, 18: 4893 – 4908.

[33] ZHANG, SCHNEPP, CAO, et al. Biopolymeractivated graphitic carbon nitride towards a sustainable photocathode material [J]. Scientific Reports, 2013, 3: 1 – 5.

[34] DAI, GAO, LIU, et al. Synthesis and characterization of graphitic carbon nitride sub – microspheres using microwave method under mild condition [J]. Diamond and Related Materials, 2013, 38: 109 – 117.

[35] LI, CAO, ZHU. Preparation of graphitic carbon nitride by electrodeposition [J]. Chinese Science Bulletin, 2003, 48: 1737 – 1740.

[36] WANG. A new development in covalently bonded carbon nitride and related materials [J]. Advanced Materials, 1999, 11: 1129 – 1133.

[37] GUO, CHEN, WANG, et al. Identification of a new C – N phase with monoclinic structure [J]. Chemical Physics Letters, 1997, 268: 26 – 30.

[38] GAO, YAN, WANG, et al. Towards efficient solar hydrogen production by intercalated carbon nitride photocatalyst [J]. Physical Chemistry Chemical Physics, 2013, 15: 18077 – 18084.

第 4 章　PEG/GO 定形复合相变材料

4.1　简介

石墨烯氧化物（GO）是一种由碳原子通过共价键构成二维骨架结构的片层材料，可以通过 Hummers 方法对石墨氧化剥离得到[1]。GO 层的表面带有很多含氧活性基团，如羰基（－C＝O－）、羟基（－OH）以及环氧基团等，在 GO 层的边缘还带有很多羧基（－COOH）[2]。GO 固体的碳原子层与碳原子层之间含有结晶水，层与层之间通过含氧活性基团与水分子形成氢键，其作用力强度远弱于层内碳原子与碳原子之间的共价键[2,3]。GO 在水溶液里具有较好的溶解性，呈单原子层分散在溶液里。由于 GO 的以上特点，使得对 GO 进行表面修饰成为可能。通过表面修饰，可以改变 GO 层的官能团，以此达到改变 GO 的表面性质。

本章将介绍 PEG/GO、PEG/GO－COOH 和 PEG/rGO 定形相变材料。采用 Hummers 方法[4]合成 GO，采用物理共混的方法以 GO 为基体，与聚乙二醇（PEG）合成 PEG/GO 定形复合相变材料，研究 GO 对 PEG 的定形能力、对 PEG 的相变行为的影响。将 PEG 在 PEG/GO 定形相变材料中的相变行为与其在 PEG/多孔炭定形相变材料中的相变行为对比，重点研究层状基体与多孔基体对相变材料的相变温度的影响。进一步，对 GO 进行两种表面处理，即羧基化和还原。对 GO 的羧基化处理（GO－COOH），是将 GO 表面的羰基（－C＝O－）、环氧基团转变成羧基（－COOH）[5]；对 GO 的还原（rGO），是利用硼氢化钠（NaBH₄）将 GO 表面的羧基（－COOH）、羰基（－C＝O－）等还原，转变成羟基（－OH）或环氧基团，并实现去除部分含氧活性基团的目的[6]。通过对 GO 表面处理，改变了 GO 的表面性质。然后，采用两种方法合成复合相变材料，一种是接枝法，即通过 GO－COOH 的 －COOH 和 PEG 链端的 －OH 的酯化反应，将相变材料与基体材料制备成复合相变材料，即 PEG－g－GO；另一种是物理共混法，将 PEG 与修饰后的基体材料通过物理共混的方法制备成复合相变材料，得到 3 种具有不同界面性质的复合相变材料，即 PEG/GO、PEG/GO－COOH 和 PEG/rGO，研究化学界面作用和非化学界面作用对 PEG 的相变行为的影响，以及不同非化学界面作用对 PEG 的相变行为的影响。

4.2　PEG/GO 定形复合相变材料

4.2.1　GO 及 PEG/GO 复合相变材料的制备

4.2.1.1　GO 的合成

采用两步合成 GO：预氧化和 Hummers 方法氧化。预氧化：在烧杯中加入 50mL 浓硫酸（H_2SO_4，98wt%），在冰浴中将溶液温度降低到 10℃，将 5g 硝酸钾（KNO_3）缓慢添加到

50mL 浓硫酸（H_2SO_4，98%）中；待 KNO_3 全部溶解于 H_2SO_4 中后，再缓慢加入 2g 天然石墨；继续搅拌保持 30min，以使混合物变均匀，整个过程溶液的温度保持低于 10℃；最后完成前述步骤后，将反应体系置于室温环境中，保持 16h。Hummers 方法氧化：①将预氧化产物溶于 200mL H_2SO_4（98%）中，在冰浴中将溶液温度降低到 10℃，依次缓慢加入 7g KNO_3 和 20g $KMnO_4$，在低于 10℃ 的条件下保持 30min；②将反应烧杯置于温水浴中，保持反应物的温度为 38℃ 并搅拌 3h；③向反应物中逐滴加入 300mL 去离子水，将反应物温度升到 85℃；④迅速将反应物加热到 98℃，并保持 15min；⑤关闭热源，待反应物温度降低到 70℃ 时，逐滴加入 50mL 双氧水（H_2O_2），反应物由棕褐色变成明黄色；⑥离心，去除大部分盐，并透析至透析液的 pH 值约为 7，去除溶液中的离子，得到 GO 的溶液。

4.2.1.2　PEG/GO 复合相变材料的合成

PEG/GO 复合相变材料采用物理共混法制备。以 PEG（相对分子质量为 6000）为相变材料，GO 为基体，采用物理共混的方法合成定形复合相变材料。按一定质量比，将 PEG 溶于 GO 溶液中，加热到 80℃ 并持续搅拌 3h，最后将得到的样品置于烘箱中，80℃ 烘干 72h，制得一系列 PEG 质量分数不同的 PEG/GO 复合相变材料。另外，改变 PEG 的相对分子质量，分别选择相对分子质量为 1500 和 10000 的 PEG，与 GO 按照上述方法制备 PEG 质量分数为 70wt% 的 PEG/GO 复合相变材料。

4.2.2　材料的结构和热学性质表征

透射电子显微镜（Transmission Electron Microscopy，TEM）：使用仪器为 JEM - 2100 型。将样品分散在水溶液中，滴于铜网上晾干，用于测试。选择加速电压为 200kV。

原子力显微镜（Atomic Force Microscopy，AFM）：使用仪器 SPI3800/SPA400 型（日本精工公司）扫描探针显微镜，采用接触模式，水平分辨率为 0.1nm，纵向分辨率为 0.01nm。取适量样品分散于水溶液中，采用旋涂的方式涂于干净硅片上用于 AFM 测试。

X 射线粉末衍射（X - Ray Powder Diffraction，XRD）：使用日本理学 DMAX - 2400 型衍射仪，Cu 靶 K_α（$\lambda = 0.15401nm$）为射线源，电压为 40kV，电流为 100mA，数据采集的步进为 0.02°，扫描速度为 4°/min。

红外光谱（Fourier Transform InfraRed Spectroscopy，FT - IR）：采用 SHIMADZU FTIR 8400 型红外光谱仪测定样品的红外吸收光谱。单样扫描次数为 32，扫描范围为 400 ~ 4000cm^{-1}，分辨率为 4cm^{-1}。将极少的样品与溴化钾（约为 1:100 的比例）混合磨匀，制成小压片。

差示扫描量热（Differential Scanning Calorimetry，DSC）：采用 Q100 型 DSC 仪（美国 Thermal Analysis 公司）测定样品的相变温度和相变焓。样品在氮气气氛中，以 10℃/min 的速率在 0 ~ 80℃ 加热和冷却。

热重分析（Thermo Gravimetric Analysis，TGA）：样品的热稳定性在 Q600 SDT 型 TGA 仪（美国 Thermal Analysis 公司）上测得。样品置于干燥的氮气气氛下，以 10℃/min 的速率升温至 600℃。

4.2.3　GO 的形貌与结构

GO 是一种由碳原子构成六角形呈蜂巢晶格的平面薄膜，其表面带有很多含氧活性基团，其横向尺寸为几百纳米到几微米，厚度仅为一个碳原子层。如图 4.1 所示，合成的 GO 的横向尺寸为数微米，而厚度约为 40Å⊖。根据 Nakajima 的 GO 的结构模型，采用化学方法

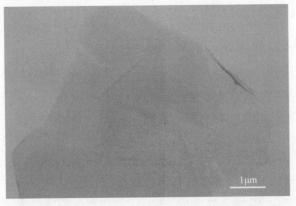

a)

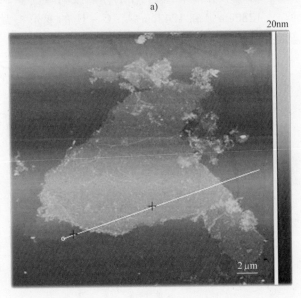

b)

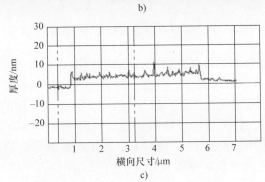

c)

图 4.1　GO 的 TEM 图、AFM 图和 AFM 图中画线线段的高程

a）TEM 图　b）AFM 图　c）AFM 图中画线线段的高程

⊖　1Å = 0.1nm = 10⁻¹⁰m。后同。

完全剥离的 GO 碳原子层在水中具有很好的溶解性，呈单层，其厚度约为 8.2Å。在干燥后，GO 薄膜两边均含有结晶水，其厚度约为 20Å[2,7]。与测得的 GO 薄膜厚度约为 40Å 相比，可以推测合成的 GO 氧化彻底，为单层或者双层，在水溶液中均为单层分散。

4.2.4　PEG 与 GO 的界面作用及化学相容性

　　为了说明 PEG/GO 复合相变材料中相变物质与基体材料之间的界面作用，FT – IR 的测试可以给出材料内部各个基团的吸收光谱，从而推测出 PEG 和 GO 的各自官能团的振动信息和官能团之间的相互作用。PEG、GO 及 PEG/GO 的 FT – IR 吸收光谱如图 4.2 所示。在 GO 的吸收光谱中，位于 3400cm^{-1} 的较宽的吸收峰对应 – OH 的伸缩振动，1734cm^{-1} 的吸收峰对应 – COOH 和 – C = O – 中的 C = O 的伸缩振动。GO 的红外吸收光谱表明所合成的 GO 中含有 – OH、– COOH 以及 – C = O – 等含氧活性基团，这和 Nakajima 的 GO 的结构[8]模型是一致的。在 PEG 的 FT – IR 吸收光谱中，C – H 的伸缩振动峰位于 2887cm^{-1}，O – H 的弯曲振动峰位于 1385cm^{-1}、1280cm^{-1} 和 1242cm^{-1}，C – H 的变形振动峰位于 1468cm^{-1} 和 1342cm^{-1}，C – O 的弯曲振动峰位于 1149cm^{-1}。

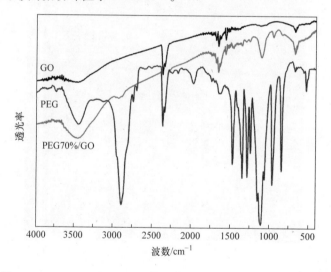

图 4.2　PEG、GO 和 PEG/GO 复合相变材料的 FT – IR 吸收光谱

　　在 PEG/GO 复合相变材料的红外光谱中，PEG 与 GO 的主要官能团对应的吸收峰均出现在复合相变材料的 FT – IR 吸收光谱中，但部分主要官能团的吸收峰对应的波数发生了少许偏移，且吸收峰的相对强度也发生变化。PEG 与 GO 的主要官能团的吸收峰出现在复合相变材料的 FT – IR 吸收峰中，且无新的吸收峰出现，说明 PEG 与 GO 之间没有新的化学键形成，不存在较强的化学作用。但是 PEG 与 GO 的部分官能团对应的波数变化和相对强度的变化，说明 PEG 与 GO 之间存在某种相互作用。由于 GO 含有 – COOH 和 – OH，PEG 含有 – OH，因此可以推测 PEG 与 GO 之间存在氢键作用。正是 PEG 与 GO 之间的氢键作用，使得 GO 对 PEG 起到定形作用。

　　根据 XRD 的结果（见图 4.3），在 PEG/GO 复合相变材料中，除了 PEG 与 GO 各自的衍射峰，没有新的衍射峰出现；复合材料中 PEG 的衍射峰与 PEG 本征的衍射峰的 2θ 一致，并未发生偏移。但是随着复合相变材料中 PEG 质量分数的减少，PEG 衍射峰的半峰宽逐渐变大，且衍射峰的强度也随之降低。当 PEG 的质量分数降低到 40% 时，PEG 的衍射峰完全消失。GO 的引入，并不改变 PEG 的晶体结构，但是降低 PEG 的结晶性能。根据 FT‐IR 吸收光谱的结果，PEG 与 GO 之间存在界面氢键作用。在熔化与结晶过程中，正是这种界面氢键作用使 PEG 分子链运动受阻，不能有效结晶，当 PEG 的质量分数降低到 40% 时，PEG 分子链通过界面处的氢键被限制在 GO 表面，无法自由运动形成晶体，导致其 XRD 谱图中无 PEG 的结晶峰出现。复合材料中 PEG 的晶体结构没有变化，可以推断，PEG/GO 复合相变材料中没有新的物相生成，这与 FT‐IR 吸收光谱的结果是一致的。

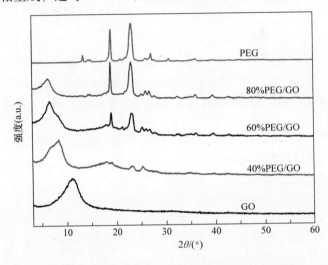

图 4.3　PEG、GO 和不同质量分数的 PEG/GO 的 XRD 谱图

　　另外，值得注意的是，GO 的（002）晶面的衍射峰出现在 $2\theta = 11.52°$ 处。在得到固体 GO 的过程中，在垂直于 GO 二维平面的方向上，单层 GO 呈准周期堆垛，因此在 X 射线衍射测试中，固体 GO 将出现（002）衍射峰。因此，根据布拉格方程，可以利用（002）晶面的衍射峰的 2θ 计算固体 GO 的层间距。GO（002）晶面的衍射峰对应的 2θ 等于 11.52°，根据布拉格方程计算出的层间距为 7.68Å，这和参考文献 [2] 中已经报道的 GO 的层间距为 6.3～7.7Å 的结果一致。

　　在 PEG/GO 复合相变材料中，随着 PEG 的质量分数逐渐增加，GO 的（002）晶面的衍射峰也逐渐向小角度方向移动，这表明复合材料中 GO 的层间距随着 PEG 质量分数的增加而增大。GO 层间距随 PEG 质量分数的增加而变化的趋势如图 4.4 所示。当 PEG（相对分子质量为 6000）的质量分数增加到 70% 时，GO 的层间距由初始的 7.68Å 增大至 13.84Å；当 PEG 的质量分数从 70% 增加到 90% 时，GO 的层间距增加幅度很小。另外，当 PEG 的质量分数固定为 70% 时，不同的相对分子质量的 PEG（如相对分子质量为 1500 和 10000）与 GO 复合的相变材料中 GO 的层间距基本相等。

　　PEG/GO 复合相变材料中 GO 的层间距的扩大，归因于 PEG 分子链嵌入到 GO 的层间，导致层间距扩大。如图 4.5 所示，在固体 GO 中，GO 层间空间由结晶水分子占据，结晶水分子与 GO 表面的含氧活性基团形成氢键，使得单层 GO 在垂直于 GO 二维平面的方向上呈准周期堆垛，层间距为 7.68Å。在 PEG/GO 复合相变材料中，PEG 分子链替代结晶水分子，占据 GO 层间空间，PEG 分子链与 GO 表面的含氧活性基团成氢键。由于 PEG 分子链远远大

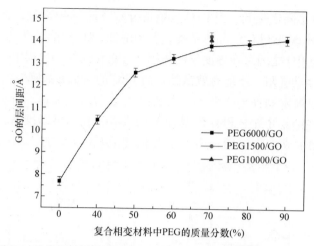

图 4.4 不同质量分数的 PEG/GO 复合相变材料中 GO 的层间距

于水分子,因此导致 GO 的层间距扩大。随着 PEG 质量分数的增加,嵌入到 GO 层间的 PEG 分子链增多,导致了 GO 层间距逐渐增大。

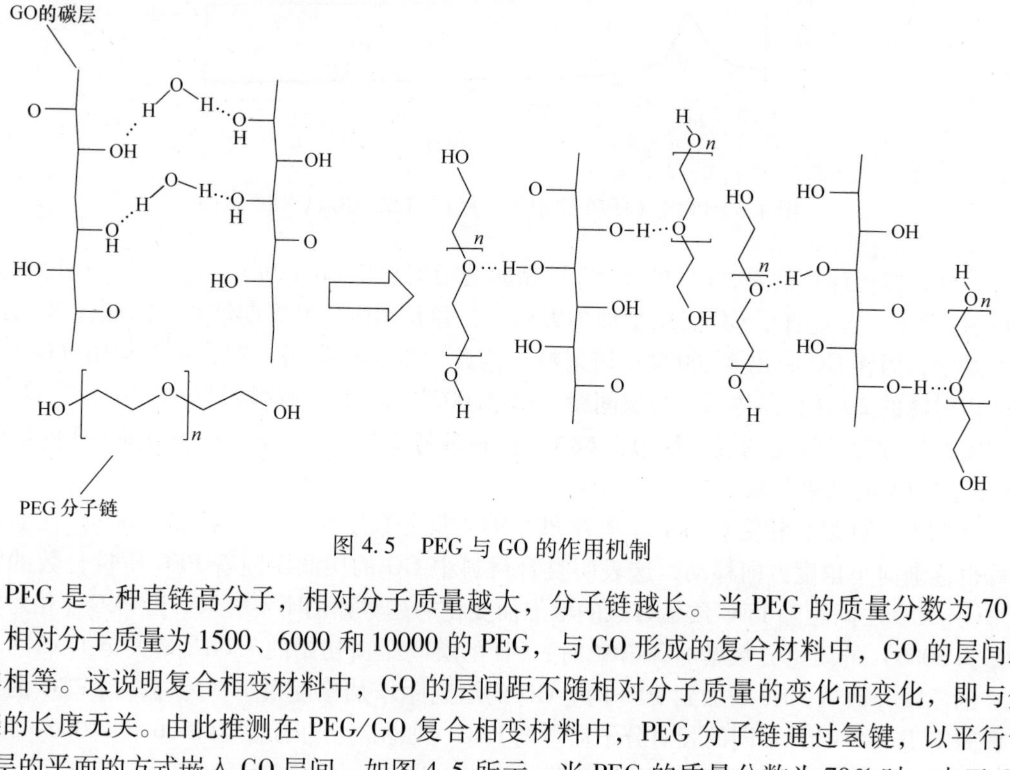

图 4.5 PEG 与 GO 的作用机制

PEG 是一种直链高分子,相对分子质量越大,分子链越长。当 PEG 的质量分数为 70% 时,相对分子质量为 1500、6000 和 10000 的 PEG,与 GO 形成的复合材料中,GO 的层间距基本相等。这说明复合相变材料中,GO 的层间距不随相对分子质量的变化而变化,即与分子链的长度无关。由此推测在 PEG/GO 复合相变材料中,PEG 分子链通过氢键,以平行于 GO 层的平面的方式嵌入 GO 层间,如图 4.5 所示。当 PEG 的质量分数为 70% 时,由于 GO 层间表面全部被 PEG 分子链通过氢键覆盖,因此 PEG 的质量分数继续增加到 90% 时,GO 的层间距基本保持不变。

4.2.5 PEG/GO 复合相变材料的熔点变化

图 4.6a 给出了 PEG/GO 复合相变材料的 DSC 曲线。利用仪器自带的软件可测得 PEG 的

熔点为 62.35℃。当 GO 作为定形基体引入 PEG 中时，复合相变材料中的 PEG 的熔点发生明显降低。当 PEG 的质量分数为 70% 和 80% 时，PEG/GO 的熔点仅为 55℃，下降了 7.35℃。在其他碳材料作为基体材料的定形相变材料中，基体材料的加入导致相变材料熔点的降低。第 2 章中多孔炭材料的加入，也导致了 PEG 熔点的降低。如图 4.6b 所示，与 PEG 的熔点相比，PEG 与多孔炭材料（活性炭 AC 和有序介孔炭 CMK – 5）复合的定形相变材料的熔点也发生降低，但是降低的幅度很小，小于 2.5℃。与此相反，GO 作为定形基体材料的引入，导致 PEG 的熔点降低 7.35℃，即降低幅度远大于 AC 和 CMK – 5 导致 PEG 的熔点降低幅度。另外，多孔炭材料对 PEG 的熔点降低幅度是随着多孔材料质量分数的增加而单调地增加，但 GO 的引入导致 PEG 的熔点先大幅降低，然后再有所回升。如图 4.6b 所示，当 PEG 的质

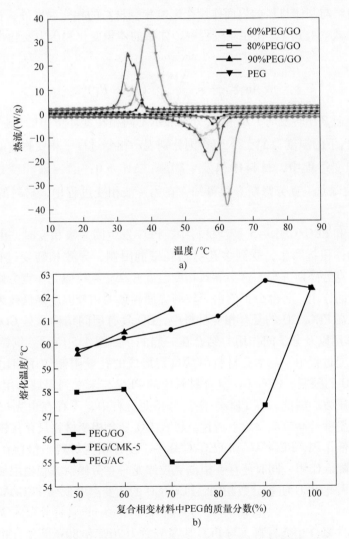

图 4.6　不同质量分数 PEG/GO 复合相变材料的 DSC 曲线以及 PEG/GO、
PEG/CMK – 5 和 PEG/AC 3 类复合相变材料的相变温度
a) 不同质量分数 PEG/GO 复合相变材料的 DSC 曲线
b) PEG/GO、PEG/CMK – 5 和 PEG/AC 3 类复合相变材料的相变温度

量分数为 70% 和 80% 时, PEG/GO 的熔点最低, 仅为 55℃。因此可以推断, GO 对 PEG 的相变行为的影响机制明显不同于多孔炭材料 (AC 和 CMK – 5) 对 PEG 的相变行为的影响机制。

根据已有的研究结果, 基体材料与相变材料的界面作用是影响相变温度变化趋势的一个重要因素。当基体材料与相变材料的界面作用力较强时, 相变温度将升高; 反之如果基体材料与相变材料的界面作用力较弱, 相变温度将降低[9]。根据 FT – IR 和 XRD 结果, GO、AC 和 CMK – 5 3 种基体材料与 PEG 之间没有化学反应发生, 仅存在氢键和分子间作用力。因此, PEG 与 GO、AC 和 CMK – 5 3 类基体材料之间这种较弱的界面作用将导致 PEG 在 3 种基体材料中的熔点均降低。

除了相变材料与基体材料的界面作用会影响相变材料的相变温度外, 根据克拉佩龙 – 克劳修斯方程 [见式 (4.1)], 在相变过程中, 体系的体积变化和压力变化也将影响相变温度的变化:

$$\ln = \frac{T_2}{T_1} = \frac{\Delta V_\alpha^\beta V_m}{\Delta H_\alpha^\beta H_m}(P_2 - P_1) \tag{4.1}$$

式中, 材料从 α 向 β 相转变时, P_2 和 P_1 分别表示不同相转变环境中的压强, T_2 和 T_1 分别对应于压强 P_2 和 P_1 下的温度, ΔV_α^β 和 ΔH_α^β 则分别表示相变过程中相变物质的体积变化和相变焓。在固 – 液相变过程中, 材料体积发生膨胀, $\Delta V_\alpha^\beta > 0$; 固 – 液相变过程为吸热过程, $\Delta H_\alpha^\beta > 0$。由克拉佩龙 – 克劳修斯方程可知, 在固 – 液相变过程中, 材料的相变温度受到环境压力的影响。

在 PEG/AC 和 PEG/CMK – 5 复合材料中, PEG 发生固 – 液相变时, 由于多孔材料的限域作用, PEG 的体积将膨胀, 受到多孔材料孔壁的限制, 导致相转变过程中的压力增大。根据克拉佩龙 – 克劳修斯方程, 这会导致相变温度升高。克拉佩龙 – 克劳修斯方程导致的这种相变温度升高的作用, 将部分抵消由于较弱界面导致的相变温度降低效果。

与此相反, 在 PEG/GO 的复合相变材料中, GO 具有层间结构, 且 GO 单层之间是通过与 PEG 的氢键作用以及分子间作用力结合在一起的, 如图 4.5 所示。氢键作用与分子间作用力较弱, 在相变过程中, 与多孔材料由共价键形成的孔壁限制作用相比, PEG 体积膨胀基本没有受到 GO 的限制。PEG/GO 复合材料中的 PEG 与未受到限域作用的 PEG 在相转变过程中均未受到压力。因此, 在 PEG/GO 复合相变材料中, 不存在由克拉佩龙 – 克劳修斯方程导致的相变温度升高效应。综上所述, PEG/GO 复合相变材料只存在较弱的界面作用导致的相变温度降低作用, PEG/AC 和 PEG/CMK – 5 复合相变材料不仅存在较弱的界面作用导致的相变温度降低作用, 同时还存在根据克拉佩龙 – 克劳修斯方程由限域作用导致的相变温度升高效应, 因此 PEG 质量分数相同, PEG/GO 的相变温度低于 PEG/AC 和 PEG/CMK – 5 的相变温度。

对于 PEG/GO 复合相变材料, 与 PEG 质量分数为 70% 和 80% 的复合相变材料的熔点相比, PEG 质量分数为 50% 和 60% 的 PEG/GO 复合相变材料的熔点有所升高。这是由于随着 PEG 质量分数的进一步降低, 由于 GO 对 PEG 分子链的运动的限域作用, 几乎全部 PEG 的分子链运动受限, 这种限域作用又将部分抵消较弱的界面作用导致的相变温度降低。因此, 随着 PEG 质量分数的降低, PEG/GO 复合相变材料的相变温度先大幅降低, 后又有所回升。

4.2.6　PEG/GO 复合相变材料的储热性能

相变焓是相变材料储热性能的一个重要参数，它直接关系到相变材料的储热密度，可以通过对 DSC 曲线里的吸放热峰进行积分计算得出。如图 4.6a 所示，PEG/GO 复合材料的吸、放热峰明显小于 PEG 的吸、放热峰，这说明加入 GO 作为定形基体后，复合相变材料的相变焓降低了。随着 GO 质量分数的增加，复合材料的吸、放热峰越小，即相变焓越低。

PEG/GO 的相变焓降低，主要有两个原因：①在复合相变材料中，GO 作为定形基体，在升温与降温的温度范围内，并不会发生相变，即复合相变材料中发生相变的有效物质减少，导致复合材料的相变焓降低，因此 GO 的质量分数越高，复合材料的相变焓越低；②PEG 与 GO 的界面作用将限制 PEG 分子链的运动，导致在升温与降温的过程中，PEG 分子链不能运动而形成晶体，这将进一步降低复合相变材料的相变焓。

在 PEG/GO 复合相变材料中，上述第二种原因导致 PEG/GO 复合相变材料的相变焓降低的幅度与 PEG 分子链受到相互作用限制的程度有关。PEG 分子链受到相互作用限制的程度可以由 PEG 的结晶度 F_c 表示，并通过式（4.2）计算：

$$F_c = \frac{\Delta H_{PCM}}{\Delta H_{PEG}\beta} \times 100\% \tag{4.2}$$

式中，ΔH_{PCM} 和 ΔH_{PEG} 分别代表复合材料的相变焓和纯 PEG 的相变焓；β 表示复合相变材料中 PEG 的质量分数。

F_c 可以表示相变材料与基体材料的界面相互作用的强度和复合材料中相变材料能有效结晶的比例。F_c 越大，表明界面相互作用越弱，相变材料能够有效结晶而实现储热的比例越大。

如图 4.7 所示，随着 PEG/GO 复合相变材料中 PEG 质量分数的降低，PEG 的结晶度 F_c 线性减小，这表明复合相变材料中更多的 PEG 的分子链运动受阻，不能形成晶体。当 PEG 的质量分数降低至 40% 时，复合相变材料的 DSC 曲线中没有对应的吸放热峰出现。这是因为当 PEG 的质量分数为 40% 时，几乎所有的 PEG 分子链都因界面作用而受到限制，全部呈非晶态，丧失储热功能。这与 XRD 的结果一致，即当 PEG 的质量分数降低到 40% 时，X 射线衍射结果中没有 PEG 的结晶衍射峰，PEG 为非晶态。

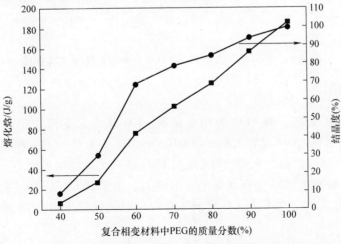

图 4.7　PEG/GO 复合相变材料的相变焓与结晶度

结晶度随着 PEG 质量分数的降低而降低的这种趋势，在 PEG/GO、PEG/AC 和 PEG/CMK‒5 等复合材料中均存在。当 PEG 的质量分数为 70% 和 80% 时，PEG 的熔点大幅降低，其相变焓分别为 102.5J/g 和 125.2J/g，结晶度分别为 59.4% 和 77.7%，PEG/GO 复合相变材料的结晶度高于 PEG/AC 和 PEG/CMK‒5 这两类复合相变材料的结晶度，具有较高的储热密度。PEG/GO 复合相变材料的熔点大幅降低的同时，仍然保持了较高的相变焓，储热密度高，因此 PEG/GO 复合相变材料拥有优异的储热性能。

4.2.7　PEG/GO 复合相变材料的热稳定性

热稳定性是相变材料在实际应用中一个重要的参数，关系到相变材料的使用温度范围，通常用热重分析（TGA）来分析相变材料的热稳定性。图 4.8 为 PEG/GO 的 TGA 曲线。GO 在升温过程中，两步分解失重。在室温到 130℃ 的温度范围内的失重，是由于 GO 层间的结晶水蒸发而导致的。由于 GO 含有大量的含氧活性基团，在 160～230℃ 的温度范围内，含氧活性基团热分解导致 GO 的进一步分解。PEG 在升温过程仅存在一步热分解，其发生在 330～400℃。在 PEG/GO 的复合相变材料中，PEG 与 GO 的热分解在相应的温度区间里各自独立发生，也从侧面证明 PEG 与 GO 之间没有发生化学反应，只存物理共混的作用。综上，PEG/GO 复合相变材料在 160℃ 以下稳定，即使用温度不应超过该温度。

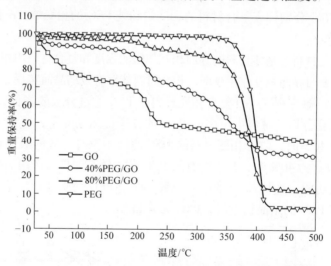

图 4.8　PEG、GO 以及 PEG/GO 复合相变材料的 TGA 曲线

4.2.8　本节小结

通过物理共混的方法，以 PEG 为相变材料，GO 作为起定形作用的基体材料，制备 PEG/GO 复合相变材料。GO 含有大量—COOH、—OH、—C $\equiv$ O—和环氧基团等含氧活性基团，能与 PEG 形成氢键，从而使得 GO 对 PEG 具有优异的定形能力，PEG 的质量分数达到 90% 时，GO 对液相 PEG 仍有良好的定形能力。由于 PEG/GO 通过物理共混的方法制备，根据 FT‒IR 的结果，PEG 与 GO 之间不存在较强的化学作用。GO 的引入，导致 PEG 的熔点降低。

根据克拉佩龙‒克劳修斯方程，在限域体系中，相变材料的熔点变化还受到基体材料的限域作用。在多孔炭材料中，由于多孔材料的限制作用，PEG 在固 - 液相变过程中发生体积膨胀并导致所受压强增大，因此限域体系中的相变温度将高于非限域体系中 PEG 的熔点。与此相反，由于 GO 特殊的层状结构，PEG 发生固 - 液相变时，体积膨胀不受限，PEG/GO 复合体系中 PEG 不存在由于基体材料限制体积膨胀导致的相变温度升高的现象。因此与 PEG/多孔炭材料的复合相变材料相比，PEG/GO 复合相变材料的熔点仅因界面相互作用而降低，不存在由于基体材料限制体积膨胀而导致相变温度升高的效应，因此 PEG/GO 复合相变材料的相变温度明显降低至 55℃，降低幅度远大于 PEG/多孔炭材料的复合相变材料。

GO 在降低复合相变材料中 PEG 的相变温度的同时，复合相变材料仍然保持较高的储热密度。随着 PEG 质量分数的减小，PEG/GO 复合相变材料中 PEG 的结晶度线性降低。当 PEG 的质量分数为 70% 和 80% 时，PEG/GO 复合相变材料中 PEG 的熔点大幅降低至 55℃，复合相变材料的相变焓分别为 102.5J/g 和 125.2J/g，结晶度分别为 59.4% 和 77.7%，略高于 PEG 在多孔炭材料中的结晶度，具有较高的储热密度。低于 160℃ 时，PEG/GO 复合相变材料具有较好的热稳定性。与多孔材料相比，具有层状结构的基体材料更有利于调控相变材料的相变行为。

4.3　修饰后的 GO 对 PEG 相变行为的影响

4.3.1　样品的制备

4.3.1.1　GO 的表面处理

首先按照增加预氧化步骤的改进 Hummers 方法[4]合成 GO。对 GO 的羧基化修饰按照 Shiddiky 方法[5]进行。将 GO 溶液浓度调至 1mg/mL；将 3.75g NaOH 和 3.75g 氯乙酸钠（ClCH$_2$COONa）溶于上述浓度的 300mL GO 溶液中；超声波处理 2.5h；向超声波处理后的溶液中滴加 0.1mol/L 的 HCl 溶液至 pH 值约为 7；用去离子水清洗并离心（15000r/min，7min），多次清洗至产物（GO - COOH）均匀地溶于水中。

用 NaBH$_4$在水溶液中还原 GO 得到还原 GO（rGO）。用质量分数为 5% 的 Na$_2$CO$_3$ 溶液调节 GO 溶液（1mg/mL，300mL）的 pH 值至 9 ~ 10；将 2.4g NaBH$_4$溶于 60mL 去离子水，然后逐滴加入 GO 溶液中；在加热磁力搅拌器上将反应物加热到 80℃，并搅拌以保持反应物温度一致，保持 1h。在反应开始时，有大量气泡产生；随着反应继续进行，溶液由棕色变成黑色。将悬浊液离心（15000r/min，7min）清洗 5 次，得到反应产物（rGO）。

4.3.1.2　PEG - g - GO 复合相变材料的制备

采用接枝法，通过 GO - COOH 的 - COOH 和 PEG 分子链端的 - OH 的酯化反应，将 PEG 接枝到 GO - COOH，得到定形相变材料 PEG - g - GO。向 300mL 的 GO - COOH 溶液（1mg/mL）中加入 20mL 的二甲基甲酰胺（DMF），采用磁力搅拌，并加热至 100℃，将溶液中的水分蒸发，得到 GO - COOH 溶于 DMF 的溶液。将 1.5g 的 PEG（相对分子质量为 6000）溶于 30mL 的二氯甲烷，待 PEG 完全溶解后，向二氯甲烷溶液加入 0.06g 的 4 - 二甲氨基吡啶（DMAP），并搅拌至完全溶解。将 0.5g 的二环己基碳二亚胺（DCC）溶解于 5mL 的二氯甲烷中。将上述 3 种溶液混合，在室温下搅拌 24h。通过反复离心清洗，得到 PEG 与 GO - COOH 的接枝产物，即 PEG - g - GO。

4.3.1.3 PEG 与表面处理后的 3 种基体材料复合的相变材料的制备

采用物理共混的方法制备 PEG/GO – COOH 和 PEG/rGO 复合相变材料。PEG 的平均相对分子质量为 6000。将适量的 PEG 溶于 30mL GO – COOH 溶液中；然后在磁力搅拌下加热到 80℃并保持 3h；最后置于 80℃的烘箱中，蒸干溶剂，并保持 48h。通过调节 PEG 与 GO – COOH 的质量比，制备不同质量分数（70% ~90%）的 PEG/GO – COOH 复合相变材料。按照同样的方法制备 70% ~90% PEG/rGO 复合相变材料。

4.3.2 材料的结构和热学性质表征

TEM：同 4.2.2 节。

AFM：同 4.2.2 节。

FT – IR：同 4.2.2 节。

紫外可见光谱（UV – vis spectrometer，UV）：日本 Shimadzu UV – 2401PC 型紫外可见光谱仪。

X 射线光电子能谱（X – ray Photoelectron Spectroscopy，XPS）：使用英国 Kratos Analytical 公司的 AXIS – Ultra 型多功能成像光电子能谱仪，表面分析深度小于 10nm，能量分辨率为 0.48eV。

DSC：同 4.2.2 节。

TGA：同 4.2.2 节。

4.3.3 GO – COOH 和 rGO 的化学结构

4.3.3.1 GO – COOH 和 rGO 的 XPS 结果分析

采用 XPS 来分析 GO、GO – COOH 和 rGO 表面官能团的变化。GO、GO – COOH 和 rGO 的 C（1s）的 XPS 谱图如图 4.9 所示。284.6eV、285.6eV、286.8eV、287.8eV 和 288.8eV 这 5 个峰，分别对应 sp^2 – C、sp^3 – C、– C – O –、– C = O 和 – C = O – 基团[10]。通过对 XPS 谱图中相应的峰进行积分计算其面积，可以得出碳原子数和氧原子数的比例（C/O）以及 C（1s）的 XPS 谱图中 C = O 峰和 C – O 峰的面积的比（见表 4.1），C = O 峰和 C – O 峰的面积的比可以表示物质中 C = O 和 C – O 的摩尔比。

根据 GO 的 XPS 谱图（见图 4.9a），GO 的碳原子层带有 – OH、– C = O – 和 – COOH，其中 – COOH 主要位于碳原子层的边缘，因此其量相对较少。

在 GO – COOH 的 XPS 谱图（见图 4.9b）中，sp^3 – C 的峰明显增强。根据表 4.1，GO – COOH 中的 C/O 的比例与 GO 的 C/O 比例基本一致，但是 C = O/C – O 的比例远高于 GO 中 C = O/C – O 的比例。这表明在对 GO 进行羧基化处理的过程中，GO 上的 – OH 和环氧基团转变成 – COOH，除了在碳原子层边缘存在 – COOH 外，在碳原子层的中央也存在大量的 – COOH。这与文献 [5] 的报道是一致的。

在 rGO 的 XPS 谱图（见图 4.9c）中，C = O 和 C – O 的强度大幅降低，sp^2 – C 的峰保持较高的强度。根据表 4.1，rGO 中的 C/O 比例远高于 GO 的 C/O 比例。根据文献 [11] 报道，在 $NaBH_4$ 的还原作用下，C = O 被转变成 C – O，且大部分含氧活性基团（包括 C – O）进一步被去除。因此导致 rGO 中的含氧活性基团大幅降低。

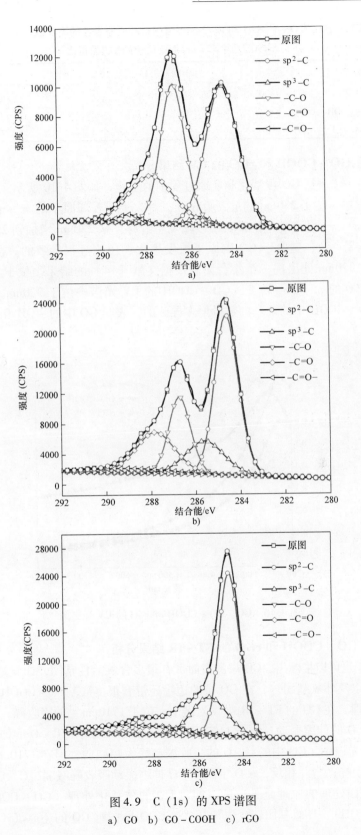

图 4.9　C（1s）的 XPS 谱图

a）GO　b）GO－COOH　c）rGO

表 4.1　GO、GO – COOH 和 rGO 的碳原子数和氧原子数的比例以及 C (1s) 的
XPS 谱图中 C = O 峰和 C – O 峰的面积比

	C = O/C – O	C/O
GO	82.0%	0.67
GO – COOH	123.2%	0.75
rGO	—	1.53

4.3.3.2　GO、GO – COOH 和 rGO 的 UV 结果分析

UV 可以进一步表征 GO 羧基化和还原过程中的变化，如图 4.10 所示。根据相关文献报道，在 UV 光谱中，位于 230nm 的最大吸收峰，对应于芳香环原子的 $\pi - \pi*$ 转变。rGO 中芳香环原子的 $\pi - \pi*$ 转变对应的最大吸收峰发生红移，从 230nm 增加到 256nm。这与文献 [12，13] 的结果一致，是由于 GO 碳原子层发生化学还原过程导致的。在 GO – COOH 的 UV 光谱中，在 320nm 处出现一个小台阶。根据文献 [14] 的结果，位于 320nm 处的小台阶，归因于 C = O 的 $\pi - \pi*$ 转变。GO – COOH 的 UV 光谱中位于 320nm 处的小台阶的出现，是由于 GO – COOH 中的羧基的数量增多导致的，表明 GO 中的 – OH 和环氧基团转变成 – COOH。

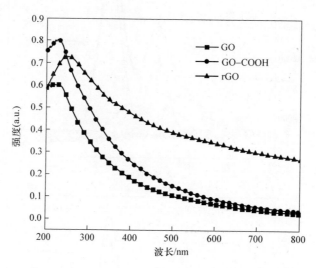

图 4.10　GO、GO – COOH 和 rGO 的 UV 光谱图

4.3.3.3　GO、GO – COOH 和 rGO 的 FT – IR 结果分析

根据图 4.11 也可以推断出，GO 层的表面带有很多含氧活性基团，如羰基（– C = O –）、羟基（– OH）以及环氧基团等，在 GO 层的边缘还带有很多羧基（– COOH）。因此可以对 GO 进行表面处理。在 GO 的 FT – IR 吸收光谱中，位于 1710cm^{-1} 的吸收峰，对应 – COOH 和 – C = O – 中 C = O 的伸缩振动；位于 1107cm^{-1} 的吸收峰，则对应 C – O 的伸缩振动。在 GO – COOH 的吸收光谱中，GO 中的 C – O 的吸收振动峰大幅减弱，但在 1710cm^{-1} 处仍然出现 C = O 的吸收振动峰；与此相反，rGO 中的 C = O 伸缩振动吸收峰减弱，C – O 也有一定的减弱。这与两种表面处理的原理是一致的，即对 GO 的羧基化处理（GO – COOH），是将 GO 表面的羟基（– OH）、环氧基团转变成羧基（– COOH）；对 GO 的还原（rGO），是利用硼

氢化钠（NaBH₄）将 GO 表面的羧基（-COOH）、羰基（-C=O-）等还原，转变成羟基（-OH）或环氧基团，并实现去除部分含氧活性基团的目的，也与 XPS 的结果是一致的。

　　XPS、UV 和 FT-IR 3 种测试方法的分析结果都表明，通过羧基化处理，GO 碳原子层上的 -OH 和环氧基转变成了 -COOH；通过还原处理，将 GO 碳原子层的 -C=O- 和 -COOH 转变成 C-O，并进一步去除部分含氧活性基团。这成功改变了 GO 碳原子层表面的官能团结构，即改变了 GO 碳原子层的表面性质。

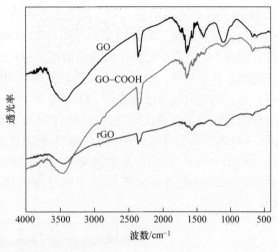

图 4.11　GO、GO-COOH 和 rGO 的 FT-IR 吸收光谱

4.3.4　PEG-g-GO 的相变行为

4.3.4.1　PEG-g-GO 的界面性质

　　图 4.12 给出了 PEG-g-GO 和 PEG/GO 的 FT-IR 谱图。在 PEG 的 FT-IR 谱图中，位于 2887cm⁻¹ 的吸收峰，对应 C-H 基团的伸缩振动；位于 1468cm⁻¹ 和 1324cm⁻¹ 的吸收峰则对应 C-H 基团的弯曲振动。在 GO 的 FT-IR 谱图中，位于 3400cm⁻¹ 的较宽的吸收峰，对应 O-H 基团的伸缩振动；羧基和羰基中 C=O 的伸缩振动导致的吸收峰位于 1734cm⁻¹。PEG 与 GO 的官能团的 FT-IR 吸收峰均出现在 PEG/GO 复合材料的 FT-IR 谱图中，但对应吸收峰的波数发生少许变化，这表明 PEG 与 GO 之间存在诸如氢键等界面作用，由此导致主要官能团的 FT-IR 吸收峰的波数发生偏移。因此，在 PEG/GO 复合相变材料中，PEG 与 GO 之间的界面作用为非化学作用，

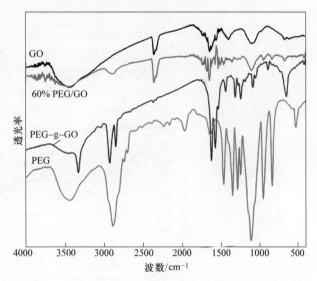

图 4.12　PEG-g-GO、PEG/GO、GO 和 PEG 的 FT-IR 谱图

即 PEG 与 GO 并不通过化学键相连。在 PEG-g-GO 的 FT-IR 谱图中，2928cm⁻¹ 和 2851cm⁻¹ 两个吸收峰对应 PEG 中的 C-H 基团的伸缩振动；1577cm⁻¹、1434cm⁻¹ 和 1311cm⁻¹ 吸收峰的存在，则表明复合材料中存在酯基团。这表明通过 GO-COOH 中的羧基和 PEG 分子链端的羟基之间的酯化反应，PEG 分子链接枝到 GO-COOH 上。

4.3.4.2　PEG-g-GO 的热稳定性

　　热稳定性是相变材料的一个重要参数。通常用 TGA 来表征相变材料的热稳定性。在 GO

的 TGA 曲线（见图 4.13）中，随着温度的升高，GO 发生两次失重。从室温到 130℃ 的温度范围内的失重是由于随着温度的升高，GO 层间的结晶水蒸发而导致的；在 160~230℃ 的温度，由于 GO 中含有大量含氧活性基团，GO 发生氧化反应而热解，出现第二次失重。PEG 在温度升高过程中，只发生一次热解，即在 300~400℃ 温度范围的分解。在温度升高过程中，通过物理共混方法制备的 PEG/GO 复合相变材料和通过接枝法制备的 PEG-g-GO 复合相变材料均出现两次失重，分别对应 GO 的热解和 PEG 的热解。在 180~240℃ 的温度区间，GO 因受热而分解；在 300~400℃ 的温度区间，PEG 发生热解。通过 TGA 分析，PEG/GO 和 PEG-g-GO 两种复合相变材料在 180℃ 开始分解。另外，TGA 结果也从侧面证明通过 GO-COOH 的羧基和 PEG 分子链链端的羟基之间的酯化反应，PEG 分子链成功接枝到 GO-COOH。

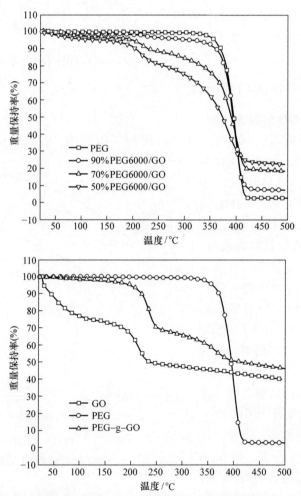

图 4.13　PEG/GO 和 PEG-g-GO 两类复合相变材料的 TGA 曲线

4.3.4.3　PEG-g-GO 的储热性能

PEG/GO 和 PEG-g-GO 两类复合相变材料的 DSC 曲线如图 4.14 所示。在 PEG/GO 的 DSC 曲线（见图 4.14a）中，有明显的吸热峰和放热峰，且随着 PEG 质量分数的减少，吸热峰和放热峰的面积均逐渐减小。在 PEG/GO 复合相变材料中，GO 作为基体材料，在相变过程不发生相变。随着 PEG 质量分数的减少，PEG/GO 复合材料中有效相变的 PEG 的质量减小，GO 对 PEG/GO 的相变焓的稀释作用增强。另外，随着 PEG 质量分数的减小，PEG 与 GO 之间的界面作用也将导致更多的 PEG 分子链无法有效结晶，PEG 的结晶度降低，这将进一步降低 PEG/GO 复合相变材料的相变焓，即 DSC 曲线里的吸热峰和放热峰的强度随着 PEG/GO 复合相变材料中 PEG 质量分数的降低而减小。与此相反，在 PEG – g – GO 复合材料的 DSC 曲线（见图 4.14b）上，没有 PEG 的吸热峰和放热峰出现。

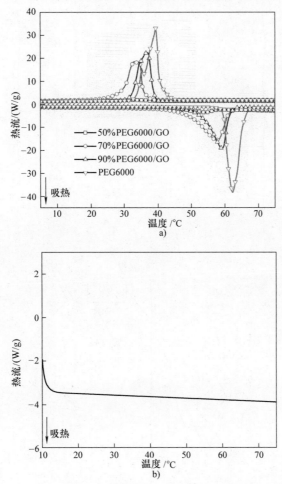

图 4.14　PEG/GO 和 PEG – g – GO 两类复合相变材料的 DSC 曲线
a) PEG/GO　b) PEG – g – GO

　　PEG/GO 与 PEG – g – GO 两类复合相变材料的相变行为不同，归因于两类复合相变材料中 PEG 与基体材料的界面作用的不同。根据 FT – IR 的结果（见图 4.12），在 PEG/GO 复合相变材料中，PEG 与 GO 层之间没有化学键的形成，仅存在氢键和物理吸附作用，如图 4.15a 所示。在升温过程中，PEG 分子链随着温度升高，PEG 分子链的动能增加，分子链运动增强，当达到相变温度时，PEG 分子链摆脱氢键和物理吸附作用对它的束缚，能够自由运动；在这个过程中，PEG 分子链吸热但温度恒定，PEG 分子链势能增加；直至全部 PEG 分子链均摆脱氢键和物理吸附作用，温度继续上升，PEG 分子链吸热而动能继续增加。因此在 DSC 曲线中出现明显的吸热峰。在降温过程，自由运动的 PEG 分子链的动能降低；当降低至结晶温度时，PEG 分子链被氢键和物理吸附作用束缚，分子链势能转换成热能释放，即在 DSC 曲线上出现放热峰；在全部 PEG 分子链被氢键和物理吸附作用束缚后，温度继续降低，PEG 分子链的动能进一步降低。

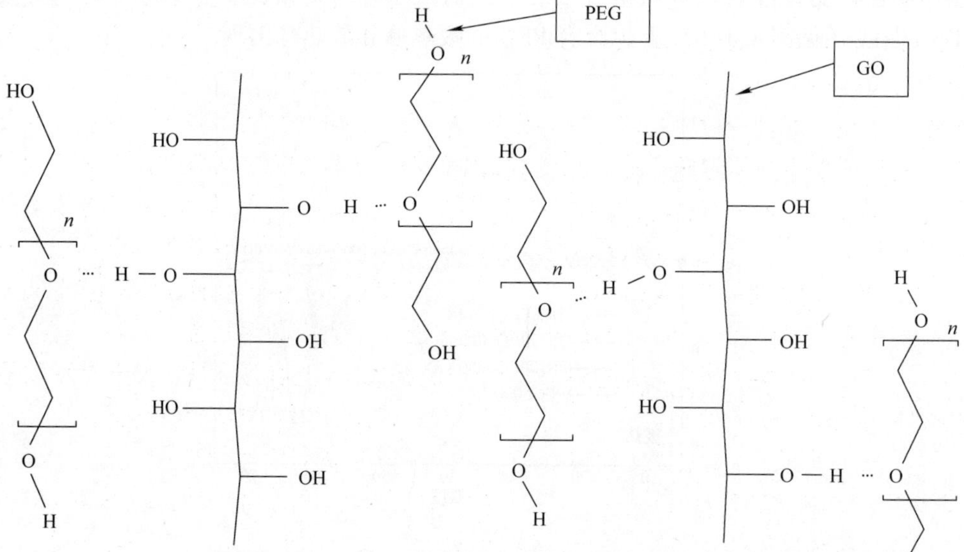

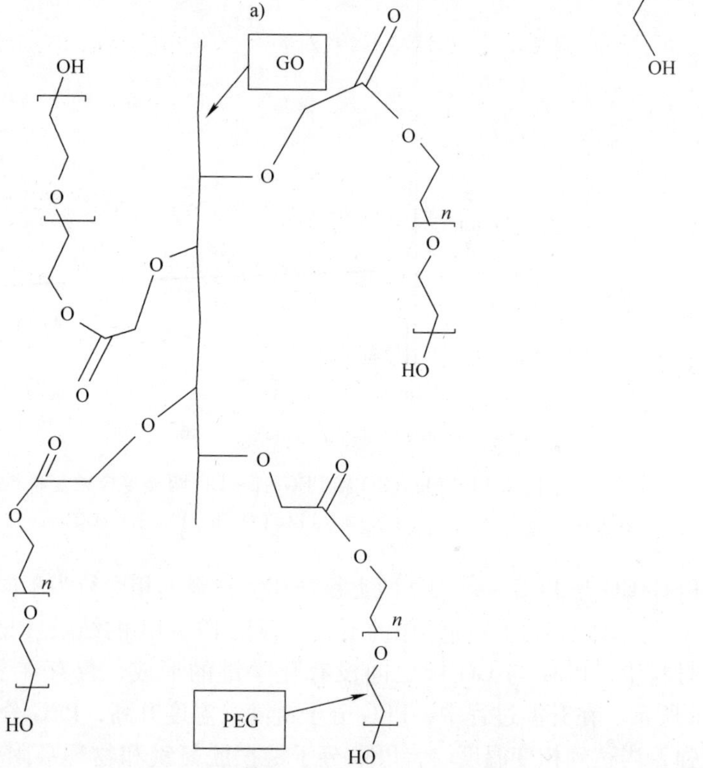

图 4.15　PEG/GO 与 PEG - g - GO 的界面相互作用示意图

a) PEG/GO　b) PEG - g - GO

在 PEG-g-GO 复合相变材料中，PEG 通过 GO-COOH 的羧基和 PEG 分子链端的羟基之间的酯化反应接枝到 GO 层，即 PEG 与 GO 层是化学键形式连接的（见图 4.15b），没有可以自由运动的游离态的 PEG 分子链。由于化学键的强度远大于氢键和物理吸附作用的强度，在升温过程中，PEG 分子链无法摆脱由酯化反应形成的化学键的束缚作用，不会出现分子链动能不变而势能增加的过程，即继续吸热但温度不变的过程，因此在升温过程中，PEG-g-GO 的 DSC 曲线上没有吸热峰出现。相应地，在降温过程，PEG-g-GO 的 DSC 曲线里没有放热峰出现。

界面作用在定形相变材料中起着重要作用。一方面，界面作用使得基体材料对相变材料有着良好的定形能力，能够阻止液相相变材料的渗漏；另一方面，界面作用对相变材料结晶的阻碍作用将降低定形相变材料的储热密度。界面作用太弱，使得基体材料不能够有效阻止液相相变材料的渗漏；反之，界面作用太强，将大幅降低定形相变材料的储热密度。通过以上研究，将 PEG 通过酯化反应接枝到 GO 层上，这种化学作用虽然能有效地阻止液相 PEG 的渗漏，但是也完全阻碍了 PEG 分子链的熔化与结晶，失去储热功能。PEG/GO 复合相变材料中，PEG 与 GO 层之间仅存在氢键和物理吸附作用，与化学键相比，虽然这种界面相互作用较弱，但仍然能有效地阻止液相 PEG 的渗漏，同时 PEG/GO 复合相变材料也保持了较高的储热密度。因此，与较强的化学界面作用相比，较弱的界面作用更有利于定形相变材料实现储热功能。在合成定形相变材料中，控制界面相互作用的强弱，对实现基体材料对相变材料的定形作用和保持相变材料的储热密度至关重要。

4.3.5　PEG 与 GO、GO-COOH 和 rGO 的界面相互作用力

PEG/GO、PEG/GO-COOH 和 PEG/rGO 复合材料的 FT-IR 吸收光谱如图 4.16 所示。在 PEG/GO、PEG/GO-COOH 和 PEG/rGO 复合材料的 FT-IR 吸收光谱中，PEG 的主要基团的吸收峰均出现，但是出现了少量的偏移；同时除了 PEG、GO、GO-COOH 和 rGO 的基团的吸收峰外，没有新的基团的吸收峰出现。这表明，在复合材料中 PEG 主要基团均没有发生变化，PEG 与基体材料之间不存在化学作用。在 PEG、GO、GO-COOH 和 rGO 中均存在 C=O 和 -OH，由此可以推断 PEG 与基体材料之间存在氢键作用。相变材料与基体材料之间的氢键作用是一种重要的相互作用，在基体材料对相变材料的定形作用中起到了重要作用。

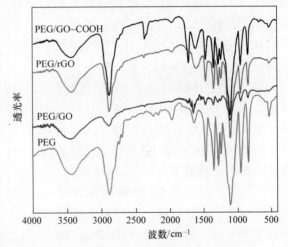

图 4.16　PEG 与 GO、GO-COOH 和 rGO 的 FT-IR 光谱图

4.3.6　GO、GO-COOH 和 rGO 对 PEG 熔点的影响

当 PEG 的质量分数均为 80% 时，通过 DSC 曲线（见图 4.17）考察复合相变材料中

GO、GO-COOH 和 rGO 对 PEG 的熔点的影响。PEG 的熔化温度为 62.4℃。在 PEG/GO-COOH 的复合相变材料中，PEG 的熔点为 45.2℃，比 PEG 的本征熔点降低了 16.8℃。基体材料的引入导致 PEG 的熔点降低，目前报道的还较少。如前面所述，GO 的引入导致 PEG 的熔点降低了 7.4℃，而 rGO 的引入并不明显降低 PEG 的熔点。

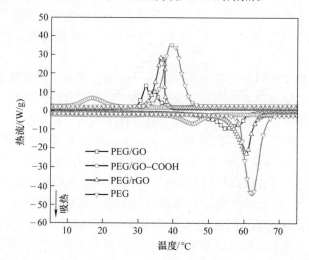

图 4.17　质量分数为 80% 的 PEG 与 GO、GO-COOH 和 rGO 的复合相变材料的 DSC 曲线

改变复合相变材料中 PEG 的质量分数，复合相变材料的熔点也随之改变，如图 4.18 所示。随 PEG 质量分数逐步降低，PEG/GO-COOH、PEG/GO 和 PEG/rGO 3 类复合相变材料的熔点均比纯 PEG 的熔点都有所降低。对于 PEG/GO-COOH 复合相变材料，当 PEG 的质量分数为 80% 时，复合相变材料的熔点最低，降至 45.2℃，比 PEG 降低了 16.8℃；对于 PEG/GO 复合相变材料，当 PEG 的质量分数为 70% 和 80% 时，复合相变材料的熔点为 55℃，降低了 7.4℃，小于 PEG/GO-COOH 的熔点降低幅度；对于 PEG/rGO 复合相变材料，当 PEG 的质量分数为 90% 时，熔点降低至 58.2℃，降低幅度仅为 4.2℃，远小于 PEG/GO-COOH 和 PEG/GO 复合相变材料中的熔

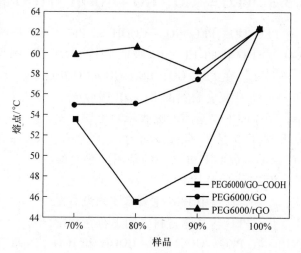

图 4.18　PEG/GO、PEG/GO-COOH 和 PEG/rGO
复合相变材料的熔点变化

点降低幅度。综上可知，GO-COOH、GO 和 rGO 的引入，PEG 的质量分数不同，其熔点均有不同程度的降低；当 PEG 的质量分数相同时，GO-COOH 导致 PEG 的熔点降低幅度最大，GO 导致的 PEG 熔点降低幅度次之，rGO 导致的 PEG 熔点降低幅度最小。

由于 GO-COOH 和 rGO 均通过对 GO 进行表面处理得到，GO-COOH、rGO 与 GO 均具有层状结构，都是由 GO 碳原子层构成。因此，PEG/GO-COOH、PEG/GO 和 PEG/rGO 3

类复合相变材料中 PEG 的熔点降低幅度不一致,是由于 GO – COOH、GO 和 rGO 与 PEG 的界面作用的不同导致的。由于对 GO 进行不同的表面处理,GO 的碳原子层表面具有不同的官能团,因此导致 PEG 与 3 种基体材料的界面相互作用不同。可以通过 Gibbs-Thomson 方程 [见式 (4.3)],解释相变材料与基体材料的界面相互作用对相变材料的熔点的影响:

$$\Delta T_c = T_{c,confined} - T_{c,bulk} = T_{c,bulk} \frac{(\gamma_{wf} - \gamma_{ws})A}{\lambda_{c,bulk}} \tag{4.3}$$

式中,γ_{wf} 和 γ_{ws} 分别代表基体与液相、基体与固相的界面吉布斯自由能;$\lambda_{c,bulk}$ 表示 PEG 的熔化熵;A 表示界面的摩尔面积[15-17]。

根据 Gibbs – Thomson 方程,基体与液相、基体与固相的界面吉布斯自由能差,即 γ_{wf} - γ_{ws} 决定限域体系中材料熔点的变化趋势。

GO、GO – COOH 和 rGO 均具有厚度约为40Å、大小约为数百纳米到数微米的片层结构。PEG/GO – COOH、PEG/GO 和 PEG/rGO 中 PEG 熔点的变化趋势不同,这是由于其表面官能团不同,3 类复合相变材料体系中基体与液相、基体与固相的界面吉布斯自由能差(γ_{wf} - γ_{ws})不同,进而导致复合相变材料中 PEG 熔点的变化趋势不同。GO 的碳原子层中间只含有 – OH、环氧基团等,而 – COOH 则只悬挂于碳原子层的边缘;羧基化处理后,碳原子层表面的 – OH、环氧基团等都被转化为 – COOH,表面带有较多的 – COOH;在 NaBH₄ 的还原作用下,碳原子层的 – COOH 被还原,且大部分表面含氧活性基团被去除。这已通过 FT – IR、XPS 和 UV 光谱等表征手段证实。

与 – OH、– C = O 和环氧基团相比,– COOH 具有较强的去质子化趋势,因此碳原子层表面的 – COOH 与 PEG 分子链的氢键作用也比 – OH、– C = O –、环氧基团与 PEG 分子链的氢键作用强。因此,在 PEG 与基体材料的相互作用中,– COOH 是 GO 片层的含氧活性基团中最强的相互作用位点。– COOH 附近的 PEG 分子链呈无序态。由于 – COOH 与 PEG 分子链的相互作用力更强,GO – COOH 表面的 – COOH 与无序态的液相 PEG 分子链的亲和力更强。因此,在复合相变材料的相变过程中,基体与液相 PEG 的界面吉布斯自由能小于基体与固相的界面吉布斯自由能,即 γ_{wf} - γ_{ws} 为负值,因此复合相变材料的熔点低于 PEG 的本征相变温度。

在 PEG/GO – COOH 复合相变材料体系里,PEG 的熔点大幅降低,这是由于 GO – COOH 表面带有大量的 – COOH,液相 PEG 对 GO – COOH 的亲和力较强。根据 GO 的结构模型,GO 中的 – COOH 主要位于碳原子层的边缘。通过羧基化处理,将位于碳原子层中央的 – OH、环氧基团等含氧活性基团转化成 – COOH。因此在 GO – COOH 中,– COOH 除了位于碳原子层的边缘,在碳原子层的中央也存在大量的 – COOH,在碳原子层中央的分布取决 GO 中 – OH、环氧基团等活性基团的分布。随机分布的 – COOH 作为较强的相互作用位点,将导致 – COOH 附近的 PEG 分子链呈无序态。由于 – COOH 与 PEG 分子链的相互作用力更强,GO – COOH 与无序态的液相 PEG 分子链的亲和力更强。因此,在 PEG/GO – COOH 复合相变材料的相变过程中,γ_{wf} - γ_{ws} 值小于 PEG/GO 复合相变材料的 γ_{wf} - γ_{ws} 值。根据 Gibbs – Thomson 方程 [见式 (4.3)],PEG/GO – COOH 复合相变材料中 PEG 相变温度低于 PEG/GO 中 PEG 的相变温度。与此相反,在 NaBN₄ 的还原作用下,GO 碳原子层上的 – COOH 被还原,且部分含氧基团也被去除。因此在 PEG/rGO 复合相变材料的相变过程中,rGO 与液相 PEG 的亲和力较弱,PEG/rGO 复合相变材料的 γ_{wf} - γ_{ws} 值大于 PEG/GO 复合相

变材料中的 $\gamma_{wf} - \gamma_{ws}$ 值,因此 PEG/rGO 的熔点降低幅度小于 PEG/GO 的熔点降低幅度。

根据上述研究结果,可以通过对基体材料进行表面修饰,改变其表面的官能团,进而改变基体与相变材料之间的界面相互作用,以达到调控复合相变材料的相变温度。

4.3.7   GO、GO – COOH 和 rGO 对 PEG 相变焓的影响

相变焓是定形相变材料的另一个重要参数,其大小代表了相变材料的储热密度性能。相变焓可以通过对相变材料的 DSC 曲线的吸、放热峰进行积分计算得到。根据 PEG/GO、PEG/GO – COOH、PEG/rGO 复合相变材料的 DSC 曲线(见图 4.17),加入基体材料后,与 PEG 的相变焓相比,复合相变材料的相变焓明显降低。这是由于在 DSC 测试温度范围内,基体材料具有较好的稳定性,不发生相变,使得复合相变材料里,发生相变的有效物质的质量分数减小,储热密度降低,即相变焓降低。

除了具有热稳定性的基体材料不发生相变而导致复合相变材料的储热密度稀释效应,基体材料与相变材料的界面相互作用也是对导致复合相变材料的相变焓降低的一个重要因素。为了更好地研究基体材料与相变材料的界面相互作用对复合相变材料的相变焓的影响,采用式(4.2)计算复合相变材料中能够有效结晶的相变材料占复合相变材料中相变材料的质量分数,即结晶度 F_c。

随着 PEG/GO – COOH、PEG/GO 和 PEG/rGO 3 类复合相变材料中 PEG 的质量分数的变化,PEG 的结晶度变化如图 4.19 所示。不难发现,PEG 与 3 类基体材料复合后,其结晶度都有所降低。这就表明,GO、GO – COOH 和 rGO 作为基体材料引入,除了自身在热循环过程中的热稳定性导致稀释效应而引起储热密度降低,还带来了额外的储热密度降低。在复合相变材料中,除了 PEG 的质量分数为 90% 时,rGO、GO 和 GO – COOH 的引入导致 PEG 的结晶度下降幅度依次增大,这与基体材料导致 PEG 的相变温度降低趋势一致。在 PEG/GO – COOH 复合相变材料中,GO – COOH 的引入导致复合相变材料的熔点降低幅度最大,复合相变材料中 PEG 的结晶度降低幅度也最大。当 PEG/GO – COOH 中 PEG 的质量分数为 80% 时,复合相变材料的熔点降低为 45.5℃,同时 PEG 的结晶度也降低至 21.8%,即储热性能下降幅度大于 75%。

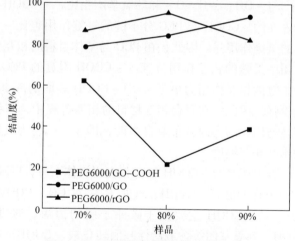

图 4.19   不同 PEG 质量分数的复合相变
材料中 PEG 的结晶度

在复合相变材料中,相变焓的降低,除了基体材料在热循环过程中的热稳定性导致稀释效应而引起储热密度降低,PEG 与基体材料之间的界面相互作用以及基体材料对 PEG 分子链的空间位阻作用也都会导致相变焓降低,如图 4.20 所示。结晶度 F_c 可以反映基体材料的引入将阻碍部分 PEG 的结晶。由于结晶受阻的 PEG 在相变过程中不经历无序 – 有序的相转变,这部分 PEG 分子链对复合相变材料的相变焓没有贡献。基体材料对 PEG 结晶的阻碍,

是由于存在界面相互作用和基体材料的限域作用，阻碍了 PEG 分子链的运动。基体材料与 PEG 的界面相互作用以及基体材料对 PEG 分子链的限域作用越强，结晶受阻的 PEG 分子的百分比也越大，因此结晶度也就越低。

　　由前述分析可知，基体材料中的 –COOH 与 PEG 分子链更容易形成氢键，界面相互作用较强。在 PEG 与 GO – COOH、GO、rGO 的复合相变材料中，PEG 与 GO – COOH 的界面相互作用最强，与 rGO 的界面相互作用最弱，与 GO 的界面相互作用介于前面两者之间。因此，在 PEG 与 GO – COOH、GO、rGO 的 3 类复合相变材料中，PEG/GO – COOH 中 PEG 的结晶度最小，PEG/GO 中 PEG 的结晶度次之，PEG/

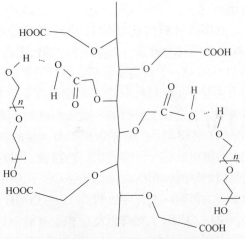

图 4.20　PEG/GO – COOH 复合相变材料中界面作用的示意图

rGO 中 PEG 的结晶度最大。这种趋势与基体材料对 PEG 的相变温度的影响趋势是一致的，即 PEG/GO – COOH < PEG/GO < PEG/rGO。

　　另外，对 GO 的羧基化处理，是将 GO 层中央的 –OH 和环氧基团等含氧活性基团转化成 –COOH，由于 –OH 和含氧活性基团的随机分布，– COOH 也随机悬挂于 GO 层。在与 PEG 制备成复合相变材料后，随机悬挂的 –COOH 除了与 PEG 形成氢键，阻碍 PEG 分子链的运动，其本身对 PEG 分子链的运动也存在空间位阻作用，这也阻碍了 PEG 分子链的运动，降低了其结晶度。因此，在羧基化处理后，GO – COOH 中的 –COOH 明显多于 GO 和 rGO 中的 –COOH，界面相互作用及 –COOH 对 PEG 分子链的空间位阻作用相应地增强，导致了 PEG/GO – COOH 复合相变材料中，PEG 的结晶度明显低于 PEG/GO 和 PEG/rGO 复合相变材料中 PEG 的结晶度。同理，PEG/GO 中 PEG 的结晶度低于 PEG/rGO 中 PEG 的结晶度。

4.3.8　PEG 与基体材料的界面面积对 PEG 相变行为的影响

　　研究结果表明，GO 的碳原子层表面的官能团对 PEG 的相变行为有明显的影响。特别的，在 PEG/GO – COOH 复合相变材料中，羧基化处理后的 GO – COOH 将导致 PEG 的相变温度和相变焓均有较大幅度的下降，即相变温度降低了 16.8℃，相变焓损失了 75%。复合相变材料的相变温度和相变焓的大幅降低，归因于基体材料的羧基与 PEG 分子链之间较强的界面相互作用效应。这种较强的界面相互作用效应，一方面受较强的氢键作用影响，另一方面 PEG 与基体材料的界面面积也是一个重要因素。因此 PEG 与基体材料的界面面积也是导致复合相变材料中 PEG 的相变行为明显不同于纯 PEG 的相变行为的重要因素之一。

　　在研究基体材料与 PEG 的界面相互作用效应对 PEG 的相变行为的影响时，应该同时考察基体材料与 PEG 的界面面积对 PEG 的相变行为的影响。GO、GO – COOH 和 rGO 在水溶液中单层分散，形成均匀稳定的溶液。同时，PEG 在水溶液中有良好的溶解性。因此，在 PEG 与 GO、GO – COOH、rGO 形成复合相变材料的过程中，PEG 分子链能与单层碳原子层均匀混合，形成巨大的 PEG 与基体材料的界面，这种界面面积与单层 GO 或 GO – COOH 的面积相当。

在多孔材料的孔结构对 PEG 的相变行为的影响的研究中，研究结果表明，活性炭（AC）和有序介孔炭（CMK-5）的比表面积远大于膨胀石墨（EG）的比表面积，PEG/AC 和 PEG/CMK-5 两类复合相变材料的界面面积也远大于 PEG/EG 复合相变材料的界面面积，前两类复合相变材料中 PEG 的结晶度小于 PEG/EG 复合相变材料中 PEG 的结晶度。由此可以推断，复合相变材料的界面面积越大，储热密度越低。

GO-COOH 与 GO 的表面带有大量的含氧活性基团，作为基体材料具有优异的水溶性，在水溶液中单层分散形成均匀的溶液，PEG 也具有同样优异的水溶性，因此形成的复合相变材料的界面面积巨大，与单层 GO-COOH 和 GO 的面积相当，使得界面作用力对 PEG 的相变行为影响巨大，导致 PEG/GO-COOH 中 PEG 的相变温度和结晶度都大幅下降。由此可知，GO-COOH 大幅降低复合相变材料中 PEG 的熔点和结晶度的原因，一方面是由于 GO-COOH 存在大量的 -COOH，与 PEG 形成氢键，对液相的 PEG 的亲和力较强，根据 Gibbs-Thomson 方程，复合材料中 PEG 的相变温度降低；另一方面，由于复合材料中 PEG 与 GO-COOH 之间的界面面积巨大，使得温度降低效应加强。在较强的界面相互作用和较大的界面面积的共同作用下，GO-COOH 能够明显调控复合相变材料中 PEG 的相变行为。修饰后的 GO 对 PEG 有良好的定形能力，同时由于其通过不同的表面处理而带有多种不同的官能团，能有效调控相变材料的相变行为。

4.3.9 本节小结

通过不同表面处理，使得 GO 碳原子层表面带有不同的官能团，并将修饰后的产物（GO-COOH 和 rGO）作为定形基体，与 PEG 复合制备定形相变材料。在 GO-COOH 的碳原子层表面随机分布的 -COOH 易与 PEG 形成氢键，对液相 PEG 的亲和力较强，导致 -COOH 周边的 PEG 分子链成无序态；与此相反，在 $NaBH_4$ 的还原作用下，GO 碳原子层上的 -COOH 被还原，部分含氧活性基团被去除，还原后的 GO 碳原子层与液相 PEG 的亲和力较弱，且不存在由于 -COOH 导致的无序态的 PEG 分子链。在 PEG/GO-COOH、PEG/GO 与 PEG/rGO 3 类复合相变材料中，由于基体材料表面的官能团不同导致界面相互作用不同，3 类复合相变材料的相变温度和相变焓依次减小，即 PEG/rGO > PEG/GO > PEG/GO-COOH。另外，由于基体材料在水中呈单层分散，PEG 在水溶液中也具有良好的溶解性，在溶液中制备复合相变材料的过程，基体材料与 PEG 分子链均匀混合，形成巨大的界面面积，这使得界面相互作用对 PEG 的相变行为的影响加强，导致 PEG 相变温度与相变焓均出现大幅下降。因此，可以通过对基体材料 GO 层进行适当的表面处理，改变其表面的官能团，实现改变基体材料与相变材料的界面相互作用，进而实现调控复合相变材料中 PEG 的相变行为。

参 考 文 献

[1] PY, OLIVES, MAURAN. Paraffin porous – graphite – matrix composite as a high and constant power thermal storage material [J]. International Journal of Heat and Mass Transfer, 2001, 44: 2727 – 2737.

[2] KOVTYUKHOVA, OLLIVIER, MARTIN, et al. Layer – by – Layer Assembly of Ultrathin Composite Films from Micron – Sized Graphite Oxide Sheets and Polycations [J]. Chemistry Materials, 1999, 11: 771 – 778.

[3] HIRATA, GOTOU, HORIUCHI, et al. Thin – film particles of graphite oxide 1: High – yield synthesis and

flexibility of the particles [J]. Carbon, 2004, 42: 2929 – 2937.

[4] HUMMERS, OFFEMAN. Preparation of Graphitic Oxide [J]. Journal of the American Chemical Society, 1958, 80: 1339.

[5] SHIDDIKY, RAUF, KITHVA, et al. Graphene/quantum dot bionanoconjugates as signal amplifiers in stripping voltammetric detection of EpCAM biomarkers [J]. Biosensors and Bioelectronics, 2012, 35: 251 – 257.

[6] LUO, ZHANG, LIU, et al. Evaluation Criteria for Reduced Graphene Oxide [J]. The Journal of Physical Chemistry C, 2011, 115: 11327 – 11335.

[7] LERF, HE, FORSTER, et al. Structure of Graphite Oxide Revisited [J]. The Journal of Physical Chemistry B, 1998, 102: 4477 – 4482.

[8] DREYER, PARK, BIELAWSKI. The chemistry of graphene oxide [J]. Chemical Society Reviews, 2010, 39: 228 – 240.

[9] RADHAKRISHNAN, GUBBINS, WATANABE, et al. Freezing of simple fluids in microporous activated carbon fibers: comparison of simulation and experiment [J]. Journal of Chemical Physics, 1999, 111: 9058 – 9067.

[10] ZHUO, MA, GAO, et al. Facile Synthesis of Graphene/Metal Nanoparticle Composites via Self – Catalysis Reduction at Room Temperature [J]. Inorganic Chemistry, 2013, 52: 3141 – 3147.

[11] SHIN, KIM, BENAYAD, et al. Efficient Reduction of Graphite Oxide by Sodium Borohydride and Its Effect on Electrical Conductance [J]. Advanced Functional Materials, 2009, 19: 1987 – 1992.

[12] KIM, LEE, STOLLER, et al. High – Performance Supercapacitors Based on Poly (ionic liquid) – Modified Graphene Electrodes [J]. ACS Nano, 2011, 5: 436 – 442.

[13] WANG, HUANG, SONG, et al. Room – Temperature Ferromagnetism of Graphene [J]. Nano Letters, 2009, 9: 220 – 224.

[14] EDA, LIN, MATTEVI, et al. Blue Photoluminescence from Chemically Derived Graphene Oxide [J]. Advanced Materials, 2010, 22: 505 – 509.

[15] ALCOUTLABI, MCKENNA. Effects of confinement on material behaviour at the nanometre size scale [J]. Journal of Physics: Condensed Matter, 2005, 17, R461 – R524.

[16] WARNOCK, AWSCHALOM, SHAFER. Geometrical Supercooling of Liquids in Porous Glass [J]. Physical Review Letters, 1986, 57: 1753 – 1756.

[17] EVANS, MARINI BETTOLO MARCONI. Phase equilibria and solvation forces for fluids confined between parallel walls [J]. The Journal of Chemical Physics, 1987, 86: 7138 – 7148.

第5章 PEG/MWCNT 定形相变材料

5.1 简介

多壁碳纳米管（Multi-Walled Carbon NanoTubes, MWCNT）是一种重量轻、密度低并且热导率高的纳米材料，因而其适合作为复合材料应用的载体来增强热的传递[1]。目前，人们将碳纳米管（CNT）嵌入母体流体和相变材料中，以提高流体的热导率[2-4]。嵌有CNT 的复合材料的热导率与 CNT 在其中的分布方向有关，据文献报道，相变材料与功能化MWCNT 复合后其热导率和热传递性能显著提高，将这归因于功能化 MWCNT 在相变材料中的较好分散[5,6]。然而，MWCNT 及其官能团对相变材料的相变行为的影响尚不明确。

本章介绍 PEG/MWCNT 定形相变材料。以本征 MWCNT 和功能化的 MWCNT 为基体，以PEG 为相变材料，采用共混与浸渍的方法制备高热导率、高储能密度且无需额外封装的定形相变储热材料，探讨基体材料表面官能团对复合相变储热体系相变行为和热传导的影响，为后续调控复合储热体系的相变行为和热传导提供参考。

5.2 PEG/MWCNT 定形相变材料的制备

MWCNT 购自美国 Cheap tubes 公司，由化学气相沉积法合成，纯度大于 99%；基团（羟基、氨基、羧基）修饰的 MWCNT 通过等离子体处理获得，根据 X 射线光电子能谱（XPS）和供应商提供的滴定结果，其含有（7±1.5）%的官能团。PEG 为化学纯，平均相对分子质量分别为 2000、4000、6000 和 10000，购自国药集团北京化学试剂公司。

采用物理共混和浸渍的方法制备 PEG/MWCNT 定形相变材料。将 x g 的 PEG（x = 0.03 ~ 0.09）在烧杯中加热熔化，在搅拌下加入 10mL 无水乙醇（分析纯，纯度 >99.7%），使 PEG 完全溶于无水乙醇成为均匀溶液；然后在强有力地搅拌下向上述溶液中加入（0.1 - x）g 的 MWCNT 基体，继续搅拌 4h；最后将烧杯置于鼓风干燥箱中，在 80℃下干燥 72h，将无水乙醇完全蒸发，并考察 MWCNT 对 PEG 的定形能力，研究发现 PEG 质量分数不超过90% 时未发现液相渗漏，因此 PEG/MWCNT 定形相变材料的定形能力为质量分数 90%。

5.3 PEG/MWCNT 定形相变材料的性能测试

红外光谱（FT-IR）：采用 Bruker VERTEX 70 型红外光谱仪测定样品的红外吸收光谱。单次扫描次数为 32，扫描范围为 400 ~ 4000cm^{-1}，分辨率为 4cm^{-1}。将极少的样品与溴化钾（约为 1:100 的比例）混合磨匀，制成小压片。

扫描电子显微镜（SEM）：采用 S-5500 型场发射扫描电子显微镜（日本 Hitachi 电子公司）观察样品的形貌。

差示扫描量热（DSC）：采用 Q100 型 DSC 仪（美国 Thermal Analysis 公司）测定样品的相变温度和相变焓。样品在氮气气氛中以 10℃/min 的速率在 0～100℃加热和冷却。

热扩散系数：采用 LFA447 型激光闪射法导热系数测量仪（德国 NETZSCH 公司）测量样品的热扩散系数。用 600MPa 压力将样品压成直径为 10mm、厚度为 1～1.5mm 的小圆片。测量时氙灯能量为 10J/脉冲，通过红外检测器进行非接触式的样品表面温升信号测试。

密度：采用 Pycnometer1000 型真密度仪测量样品的密度。

5.4　PEG/MWCNT 定形相变材料的化学性质

图 5.1 显示了 PEG、4 种 MWCNT 基体及其复合相变材料（含 90% 的 PEG10000）的红外光谱图。由图 5.1 可见，不同 MWCNT 基体材料的红外吸收光谱上，1383cm⁻¹ 处的吸收峰由 C－C 键引起，该吸收峰在复合相变材料上同样可见。MWCNT－OH 基体在 3437cm⁻¹ 和 1629cm⁻¹ 处的吸收峰归因于羟基的伸缩振动，而 MWCNT－COOH 基体在 3437cm⁻¹ 和 1629cm⁻¹ 处的吸收峰归因于羟基和羧基的伸缩振动，MWCNT－NH₂ 基体在 3437cm⁻¹ 和 1629cm⁻¹ 处的吸收峰归因于 NH 的伸缩振动和 NH₂ 的弯曲振动，不同 MWCNT 基体在 3437cm⁻¹ 和 1629cm⁻¹ 处的吸收峰与 PEG 在这些波数处的吸收峰重叠。不同 MWCNT 基体在 1122cm⁻¹ 处也存在吸收峰，对于 MWCNT－

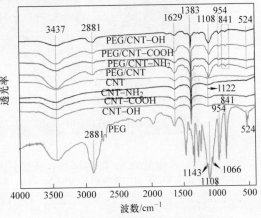

图 5.1　PEG10000、MWCNT 及 90%
PEG/MWCNT 定形相变材料的红外光谱图

OH 和 MWCNT－COOH 来说，该处吸收峰由 C－O 键导致；对 MWCNT－NH₂ 而言，该处吸收峰代表了 C－N 官能团的伸缩振动。但是，复合相变材料在 1122cm⁻¹ 处的 C－O 或 C－N 吸收峰移动到了 1108cm⁻¹ 的低波数处，意味着碳的桥氧/氮原子与 PEG 末端羟基之间形成了氢键。

复合相变材料中均可见 PEG 的吸收峰，对比 PEG/MWCNT 复合相变材料的红外光谱和纯 PEG、MWCNT 基体的红外光谱后并未发现新的吸收峰，表明 PEG 与 MWCNT 基体间的相互作用仅为物理形式。

5.5　PEG/MWCNT 定形相变材料的形貌特征

图 5.2 显示了本征 MWCNT 和不同 PEG 质量分数的 PEG6000/MWCNT 定形相变材料的 SEM 照片。当定形相变材料中 PEG 质量分数为 30% 时，仅有 MWCNT 的形貌可见（见图 5.2b），而当 PEG 质量分数为 90% 时，观察到的主要是 PEG 块（见图 5.2d）。另外，定形相变材料中 MWCNT 的直径明显比本征 MWCNT 的大，显示了 PEG 分子链可能吸附到 MWCNT 的外壁上并且受限于 MWCNT 纳米管内，这会阻止 PEG 的结晶和聚集。

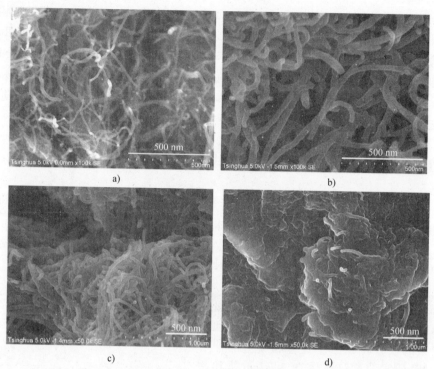

图 5.2　本征 MWCNT 和 不同 PEG 质量分数的 PEG6000/MWCNT 定形相变材料的 SEM 照片
a) 本征 MWCNT　b) 30% PEG/MWCNT PCM　c) 60% PEG/MWCNT PCM　d) 90% PEG/MWCNT PCM

5.6　PEG/MWCNT 定形相变材料的热性能

　　图 5.3 所示为不同 PEG 质量分数的 PEG6000/MWCNT 定形相变材料的 DSC 曲线。如图
5.3 所示，定形相变材料的熔化温度和熔化焓随 PEG 质量分数的减少而减少，30% PEG6000/MWCNT 复合相变材料既无吸热峰也无放热峰，主要由 MWCNT 基体对 PEG 结晶的干扰引起。对于低 PEG 质量分数的复合相变材料，大部分 PEG 分子受限于 CNT 内或吸附在 CNT 表面，因而限制了 PEG 分子链的活动，当 PEG 质量分数减少到一定程度（如 30%）时，过量的 MWCNT 完全限制了 PEG/MWCNT 复合相变材料中的 PEG，使 PEG 无法结晶，因此其 DSC 曲线上未见吸热峰和放热峰。相反，对于高 PEG 质量分数的复合相变材料，一部分 PEG 处于自由态（见图 5.2d）

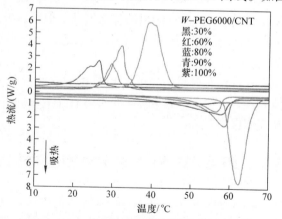

图 5.3　不同 PEG 质量分数的 PEG6000/
MWCNT 定形相变材料的 DSC 曲线

可以结晶。复合相变材料中 PEG 质量分数越高，晶相的 PEG 质量分数越大，熔值也越大。

图 5.4 显示了不同 PEG 相对分子质量的 90%PEG/MWCNT 定形相变材料的 DSC 曲线。对 90%PEG/MWCNT 复合相变材料来说，PEG 相对分子质量越大相变温度越高，PEG10000/MWCNT 复合相变材料的相变熵大于其他 3 种复合相变材料的，因此，后面将主要讨论本征 MWCNT 和官能团修饰 MWCNT 基体对含 PEG10000 的复合相变材料的相变行为的影响。

图 5.5 显示了不同官能团修饰 MWCNT 为基体的 90%PEG10000/MWCNT 定形相变材料的 DSC 曲线。由图 5.5 获得的熔化/结晶峰温度（T_m/T_c）和熔化/结晶峰熵（$\Delta H_m/\Delta H_c$）的详细结果见表 5.1。如图 5.5 和表 5.1 所示，PEG/MWCNT - x 定形相变材料的相变温度和相变熵低于 PEG/本征 MWCNT 定形相变材料，表明 MWCNT - x 基体与 PEG 的作用更强。官能团对复合相变材料相变行为的影响顺序如下：MWCNT - COOH > MWCNT - NH$_2$ > MWCNT - OH > MWCNT。与 PEG/MWCNT 定形相变材料相比，PEG/MWCNT - COOH 定形相变材料的相变温度（T_m：60.1℃ 和 T_c：33.7℃）分别减少了 3℃ 和 9.9℃，相变熵（ΔH_m：111.0J/g 和 ΔH_c：103.3J/g）减少了约 40J/g。

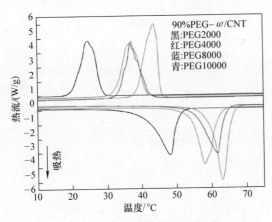 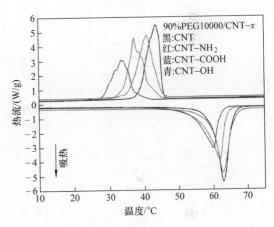

图 5.4　不同 PEG 相对分子质量的 90%PEG/MWCNT 定形相变材料的 DSC 曲线　　图 5.5　不同官能团修饰 MWCNT 的 90%PEG10000/MWCNT 定形相变材料的 DSC 曲线

表 5.1　不同官能团修饰 MWCNT 的 90%PEG10000/MWCNT 定形相变材料的热性能

样品	T_m/℃	ΔH_m/(J/g)	T_c/℃	ΔH_c/(J/g)
PEG/MWCNT	63.1	150.4	43.6	143.5
PEG/MWCNT - NH$_2$	62.2	141.7	37.5	133.3
PEG/MWCNT - COOH	60.1	111.0	33.7	103.3
PEG/MWCNT - OH	62.9	147.0	41.0	143.3

由表 5.2 可见，与 MWCNT - x 基体相比，本征 MWCNT 基体具有较大的 BET 比表面积和较小的孔尺寸，表明 MWCNT 有更多吸附位和更强的毛细力，因此，MWCNT 与 PEG 的作用应该大于 MWCNT - x 与 PEG 的，这与图 5.5 的 DSC 结果不一致。根据红外线结果，PEG/MWCNT - x 复合相变材料中存在氢键，在氢键、毛细力和表面吸附的共同作用下，PEG/MWCNT - x 复合相变材料中 MWCNT - x 基体与 PEG 的作用强于相变行为主要影响因素为毛细力和表面积的 PEG/MWCNT 复合相变材料中 MWCNT 基体与 PEG 的。如图 5.6 所

示，MWCNT‐COOH 基体较其他 MWCNT‐x 基体具有形成氢键的更多可能，因此 MWCNT ‐COOH 对复合相变材料相变行为的影响最大。

表 5.2　MWCNT 基体的多孔特性

基体	$S_{BET}/(m^2/g)$	$V_{pore}/(cm^3/g)$	D_{pore}/nm
MWCNT	224	1.86	33.2
MWCNT‐OH	205	2.31	45.3
MWCNT‐COOH	178	1.97	44.2
MWCNT‐NH₂	206	2.12	41.2

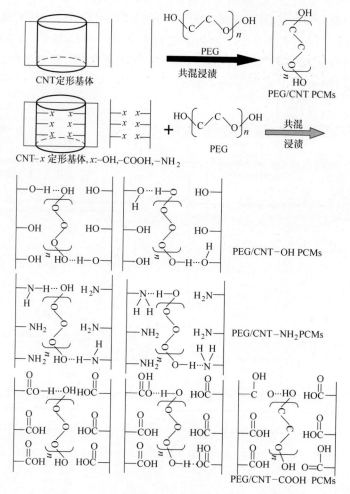

图 5.6　不同官能团修饰 PEG/MWCNT 复合相变
材料中 PEG 与 MWCNT 作用的示意图

5.7　PEG/MWCNT 定形相变材料的热导率

图 5.7 给出了本征 MWCNT、MWCNT‐x（x：‐OH 和‐NH₂）及其与 PEG 复合的相变材料的 SEM 照片。

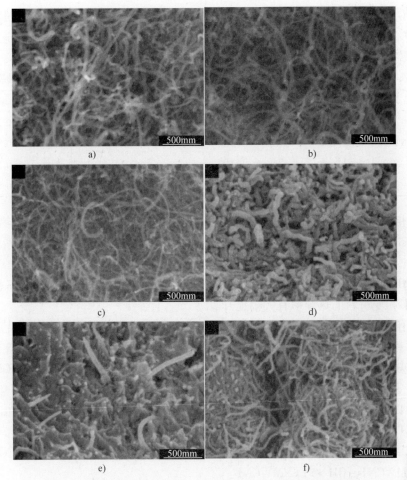

图 5.7　MWCNT 基体和 PEG/MWCNT 定形相变材料的 SEM 照片
a）本征 MWCNT　b）MWCNT - OH　c）MWCNT - NH$_2$　d）80% PEG/MWCNT PCM
e）80% PEG/MWCNT - OH PCM　f）80% PEG/MWCNT - NH$_2$ PCM

从图 5.7 中可以发现，本征 MWCNT 和 MWCNT - x 的外径和长度分别为 8～15nm 和 3～50μm。在 PEG/MWCNT 复合相变材料的 SEM 照片里，能明显看到 PEG 分子链组成的块体。与本征 MWCNT 和 MWCNT - x 基体相比，复合材料中 MWCNT 和 MWCNT - x 的外径增大。由此可以推断，一部分 PEG 分子链进入了 MWCNT 和 MWCNT - x 的孔道，一部分 PEG 分子链吸附在基体的外壁。从 PEG/MWCNT 和 PEG/MWCNT - x 的 SEM 照片不难发现，在制备复合相变材料过程中，MWCNT 和 MWCNT - x 两种基体材料在 PEG 中均匀分散，没有发生团聚；同时，CNT 的形貌保持完好，与 PEG 的复合过程没有破坏 CNT 的结构。另外，复合相变材料中，CNT 随机排列，呈各向同性分布。分散均匀且各向同性分布的 CNT 可在复合材料中构成一个网络结构，这个由 CNT 构成的网络结构也是复合材料中的热传导通道。

热导率是影响定形相变储热体系储能与释能效率的重要因素。热导率（K）可以通过式（5.1）定义：

$$K = \alpha \rho C_p \tag{5.1}$$

式中，ρ 和 C_p 分别表示复合相变材料的密度和热容；α 表示热扩散系数。

通过测量定形相变复合体系的热扩散系数、密度和热容，就可以计算出定形相变材料的热导率。80% PEG/MWCNT 定形相变材料的热扩散系数、密度、热容以及由上述 3 个参数计算出的热导率见表 5.3。

表 5.3 80%PEG/MWCNT 定形相变材料的热扩散系数、密度、热容及其热导率

相变材料	热容/[J/(g·K)]	密度/(g/cm³)	热扩散系数/(mm²/s)	热导率/[W/(m·K)]
PEG	1.70	1.233	0.15	0.31
PEG/MWCNT	1.65	1.345	0.28	0.62
PEG/MWCNT‐OH	1.72	1.335	0.31	0.71
PEG/MWCNT‐NH$_2$	1.79	1.326	0.34	0.81

向有机相变材料中加入高热导率的添加物，能够有效提高复合相变材料的热导率。从表 5.3 可以得知，PEG 的热导率为 0.31W/(m·K)，PEG/MWCNT 定形相变材料的热导率是 0.62W/(m·K)，PEG/MWCNT‐OH 定形相变材料的热导率是 0.71W/(m·K)，PEG/MWCNT‐NH$_2$定形相变材料的热导率是 0.81W/(m·K)。与 PEG 的热导率相比，PEG/MWCNT 定形相变材料的热导率有大幅提升。

图 5.8 给出了 MWCNT 基体对 PEG/MWCNT 定形相变材料热导率的影响趋势。k_0代表 PEG 的热导率，k_c 为 PEG/MWCNT 定形相变材料的热导率，$(k_c-k_0)/k_0$ 是指与 PEG 的热导率相比，复合相变材料热导率提高的百分比。由图 5.8 可知，PEG/MWCNT 和 PEG/MWCNT‐x 定形相变材料的热导率比 PEG 的热导率有大幅提升。与 PEG 的热导率相比，PEG/MWCNT 复合相变材料的热导率增加了 97.6%，PEG/MWCNT‐OH 复合相变材料的热导率增加了 126.4%，PEG/MWCNT‐NH$_2$复合相变材料的热导率增加了 156.7%，在 PEG 中加入 MWCNT 系列基体材料之后，复合材料的热导率增大的幅度依次为 PEG/MWCNT‐NH$_2$ > PEG/MWCNT‐OH > PEG/MWCNT。

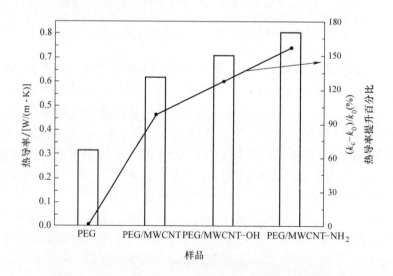

图 5.8 PEG 和 80% PEG/MWCNT 定形相变材料的热导率

在 PEG 中加入具有高热导率的 MWCNT 之后，PEG/MWCNT 和 PEG/MWCNT‐x 复合相

变材料的热导率均较 PEG 的热导率有大幅提升。这是由于在复合材料中，MWCNT 或 MWC-NT$-x$ 分散均匀且各向同性分布，易于在复合材料内构建一个三维网络结构，成为传热通道，有利于复合材料内部的热传导，这与预期一致。然而出现一个有意思的现象，虽然 PEG/MWCNT、PEG/MWCNT$-$OH、PEG/MWCNT$-$NH$_2$ 复合相变材料中 PEG 的质量分数相同，但是与 PEG 的热导率相比，3 种复合相变材料的热导率提升幅度却有所不同，增大幅度依次为 PEG/MWCNT$-$NH$_2$ > PEG/MWCNT$-$OH > PEG/MWCNT。从上述结果可以推测，由于 CNT 表面所带的官能团不同，PEG 与基体材料之间的界面作用不同，导致复合材料的热导率不同。分子动力学模拟复合材料中界面处热传导过程的结果表明，界面相互作用的强度对复合材料的热导率有影响，即界面相互作用强度越大，复合材料的热导率越大。PEG 与 CNT 基体材料之间存在氢键作用力、表面吸附作用力和毛细作用力。见表 5.4，MWCNT 和 MWCNT$-x$ 的外径均为 8 ~ 15nm，长度均为 10 ~ 30μm，即 MWCNT 和 MWCNT$-x$ 的几何尺寸相等，这与图 5.7 的结果一致。这表明，MWCNT、MWCNT$-$OH 和 MWCNT$-$NH$_2$ 3 种定形基体材料对 PEG 的毛细作用力和表面吸附作用力相同。由此可以推断，对于 PEG/MWCNT、PEG/MWCNT$-$OH、PEG/MWCNT$-$NH$_2$ 3 种复合相变材料，CNT 的毛细作用对 PEG 与基体材料的界面相互作用的贡献相同。

表 5.4　MWCNT 基体的外径和长度

基体	外径/nm	长度/μm
MWCNT	8 ~ 15	10 ~ 50
MWCNT$-$OH	13 ~ 18	3 ~ 30
MWCNT$-$NH$_2$	13 ~ 18	3 ~ 30

如图 5.6 所示，PEG 与 CNT 的界面处存在氢键作用，这与 FT$-$IR 光谱的结果一致。由此可以推断，PEG 与基体材料界面处的氢键作用对界面相互作用的强度有着重要的影响。在 PEG/MWCNT$-x$ 复合相变材料的各官能团中，含氧基团或氨基作为氢原子的受体或赠体。由于氧的电负性强于氮的电负性，因此在形成氢键时，与由羟基作为氢原子赠体与羟基或羰基形成的氢键相比，由氨基作为氢原子赠体与羟基或羰基形成的氢键强度更大。因此可以推断，PEG/MWCNT$-$NH$_2$ 复合相变材料的界面相互作用强度大于 PEG/MWCNT$-$OH 复合相变材料的界面相互作用强度。根据分子动力学模拟结果，PEG/MWCNT$-$NH$_2$ 复合材料的界面热阻小于 PEG/MWCNT$-$OH 复合相变材料的界面热阻。同样地，PEG/MWCNT 复合材料的界面热阻大于 PEG/MWCNT$-$OH 和 PEG/MWCNT$-$NH$_2$ 两种复合相变材料的界面热阻。换句话说，PEG/MWCNT、PEG/MWCNT$-$OH 和 PEG/MWCNT$-$NH$_2$ 3 种复合相变材料，界面相互作用越强，界面热阻越小。因此，3 种复合相变材料的界面热阻大小依次为 PEG/MWCNT > PEG/MWCNT$-$OH > PEG/MWCNT$-$NH$_2$，也就是 3 种复合相变材料的热导率大小依次为 PEG/MWCNT$-$NH$_2$ > PEG/MWCNT$-$OH > PEG/MWCNT。

5.8　小结

将本征 MWCNT 和官能团修饰 MWCNT（MWCNT$-x$）与 PEG 直接共混、浸渍制备 PEG/MWCNT 复合相变材料，复合相变材料的定形能力达质量分数 90%。定形相变材料中

PEG 的熔点和熔化焓随 PEG 质量分数的增加而增大，相变温度随 PEG 相对分子质量的增加而增大；PEG 相对分子质量和质量分数相同、基体不同时，官能团修饰 MWCNT 的定形相变材料（PEG/MWCNT－x）的相变温度和相变焓低于本征 MWCNT 的定形相变材料（PEG/MWCNT）的，官能团对复合相变材料相变行为的影响顺序为 MWCNT－COOH ＞ MWCNT－NH$_2$ ＞ MWCNT－OH ＞ MWCNT。毛细力和表面积是影响 PEG/MWCNT 定形相变材料相变行为的主要因素，而毛细力、表面积和氢键是 PEG/MWCNT－x 定形相变材料相变行为的共同因素。

由于 MWCNT 基体材料在复合相变材料中均匀、各向同性分布，MWCNT 在复合材料中构建一个三维网络结构，构成复合相变材料内部的传热通道，因此与 PEG 相比，PEG/MWCNT 复合相变材料的热导率均大幅提高。但是，由氨基作为氢原子赠体与羟基或羧基形成的氢键强度大于由羟基作为氢原子赠体与羟基或羧基形成的氢键强度，PEG/MWCNT－NH$_2$ 的界面强度大于 PEG/MWCNT－OH 的界面强度，导致 PEG/MWCNT－NH$_2$ 的界面热阻小于 PEG/MWCNT－OH 的界面热阻。与 PEG 的热导率相比，3 种复合相变材料的热导率增加幅度依次为 PEG/MWCNT－NH$_2$ ＞ PEG/MWCNT－OH ＞ PEG/MWCNT，增加幅度分别为 156.7%、126.4% 和 97.6%。

在 PEG 中添加 MWCNT 不但对 PEG 有优异的定形能力，而且在其表面修饰合适的官能团还可以调控定形相变材料的相变行为和热导率，以满足不同的应用需求。

参 考 文 献

[1] HAN, FINA. Thermal conductivity of carbon nanotubes and their polymer nanocomposites: a review [J]. Progress in Polymer Science, 2011, 36: 914 – 944.

[2] CUI, LIU, HU, et al. The experimental exploration of carbon nanofiber and carbon nanotube additives on thermal behavior of phase change materials [J]. Solar Energy Materials & Solar Cells, 2011, 95: 1208 – 1212.

[3] TENG, CHENG. Performance assessment of heat storage by phase change materials containing MWNTs and graphite [J]. Applied Thermal Engineering, 2013, 50: 637 – 644.

[4] WANG, XIE, XIN. Thermal properties of paraffin based composites containing multi – walled carbon nanotubes [J]. Thermochimica Acta, 2009, 488: 39 – 42.

[5] JI, SUN, ZHONG, et al. Improvement of the thermal conductivity of a phase change material by the functionalized carbon nanotubes [J]. Chemical Engineering Science, 2012, 81: 140 – 145.

[6] WANG, XIE, XIN, et al. Enhancing thermal conductivity of palmitic acid based phase change materials with carbon nanotubes asfillers [J]. Solar Energy, 2010, 84: 339 – 344.

第 6 章　PEG/矿物材料定形相变材料

6.1　PEG/硅藻土定形相变材料

6.1.1　概述

硅藻土（Diatomite）是一种生物成因的硅质沉积岩，主要化学成分为 SiO_2，还有少量的 Fe_2O_3、Al_2O_3、MgO、CaO 和有机质等，一般为浅黄色或浅灰色，质软、多孔而轻质。硅藻土因具有比表面积大、密度小、耐腐蚀以及我国产量丰富等优点，在水处理、工农业、食品医药业以及建筑业都有十分广泛的应用。

硅藻土的应用主要包括以下方面：硅藻土的多孔结构使其具有良好的吸附性，在水处理领域有广泛的应用，对重金属废水、有机废水以及富营养化水体有一定的处理效果。天然硅藻土可以吸附活性染料，其主要吸附原理是多层吸附（包括物理吸附和化学吸附）[1,2]。经过碱洗及浸渍负载羟基氧化铁改性的硅藻土能够吸附富营养化水体中的磷，且此吸附是自发吸热的物理过程[3]。与金属氧化物进行复合的硅藻土在一定条件下，对含有重金属的废水具有高效的吸附效率[4,5]。硅藻土助滤剂不仅对工业废水有很好的过滤作用，还可以对海水中的悬浮物、COD_{Mn}、尿素和细菌等物质有很好的过滤作用[6]。硅藻土不仅可以应用到吸附剂领域，在工业领域与农业领域也有很广泛的应用。硅藻土因具有多孔结构可以作为很好的土壤改良剂，起到干燥、保湿、透气的作用，为植物生长与水土保持提供有效的保障。硅藻土还可以作为基体材料制备多孔材料以及功能材料等，如多孔陶瓷[7]等。硅藻土还可以应用到造纸行业，减少利用树木来造纸带来的资源消耗，硅藻土的多孔性、无毒、吸附性强、化学性能稳定等优点，可满足不同性能纸品的要求，如生活用纸、装饰用纸、油封纸等[8]。此外，硅藻土具有质轻、多孔、细腻、吸水和无毒并且防火阻燃等特点，在建筑领域的应用更是近年来的研究热点之一。利用硅藻土自身的吸水性可以作为调湿建筑材料。有人进行了硅藻土在调湿建筑方面的仿真模拟研究，结果表明，此类材料不仅可以起到调湿作用，还具有一定的保温作用，可以作为良好的节能建筑材料[9]。此外，硅藻土在建筑装饰工程或家庭装修领域也有广泛的应用，如保温砖、隔音板、地砖、陶瓷等[10]。

本节介绍聚乙二醇（PEG）/硅藻土定形相变材料。以 PEG 为相变物质、硅藻土作为基体材料，通过物理共混的方法制备 PEG/硅藻土定形相变材料，利用扫描电子显微镜（SEM）、X 射线衍射（XRD）、N_2 吸附（BET）、红外光谱（FT-IR）、差示扫描量热（DSC）、热重分析（TGA）等测试技术对制备的 PEG/硅藻土定形相变材料进行表征及热性能测试，探讨硅藻土对定形相变材料中 PEG 的相变行为、热稳定性和热循环性的影响。

6.1.2　PEG/硅藻土定形相变材料的制备

化学纯的 PEG（相对分子质量为 2000）购自国药集团北京化学试剂有限公司，化学纯的硅藻土购自西陇化工股份有限公司。采用物理共混及浸渍的方法制备 PEG/硅藻土定形相变材料，首先取一定量的 PEG 加热熔化并溶解于无水乙醇中，然后在搅拌下将一定量的硅藻土加入上述 PEG 溶液，为减少搅拌过程中乙醇的挥发，使用保鲜膜将其密封，继续搅拌 4h，最后将混合液置于 80℃ 的烘箱内干燥 72h，以便乙醇溶剂挥发去除和考察复合相变材料在 PEG 熔点以上的温度下的定形情况。研究发现，PEG/硅藻土复合相变材料的定形能力为质量分数 55%。

6.1.3 PEG/硅藻土定形相变材料的性能测试

BET：采用 Belsorp – mini Ⅱ 型比表面积分析仪（日本 BEL 公司）测定样品的 BET 比表面积和总的孔体积。N_2 为吸附质分子，硅藻土基体在 200℃ 下脱气 2h，PEG/硅藻土定形相变材料样品于真空下保持 60℃ 脱气 3h，脱气后再将样品置于分析站上进行液氮温度下的 N_2 吸附。

FT – IR：采用 Bruker 红外光谱仪（德国 Horiba 公司）测定样品的红外吸收光谱。单样扫描次数为 60，扫描范围为 400～4000cm^{-1}。

SEM：采用 S4800 型 SEM（日本 Hitachi 公司）观察样品的组织形貌。

XRD：样品的 XRD 谱图在 D/max – 2500/PC 型衍射仪（日本理学 Rigaku 公司）上采集，铜 Kα 靶，镍滤光，扫描速度为 4°/min，扫描范围（2θ）为 5°～50°。

DSC：采用 STA449F3 型同步热分析仪（德国 Netzsch 公司）测定 PEG/硅藻土定形相变材料的相变温度和相变焓。样品在氮气气氛中以 10℃/min 的速率在 0～100℃ 加热和冷却。

TGA：采用 STA449F3 型同步热分析仪（德国 Netzsch 公司）测 PEG/硅藻土定形相变材料的热稳定性。样品置于干燥的氮气气氛下，以 10℃/min 的速率由室温升至 500℃。

通过样品在烘箱中熔化与在电冰箱中凝固之间多次循环来评估其热循环性。将 PEG/硅藻土定形相变材料密封在烧杯中，然后将烧杯置于 80℃ 的烘箱中 30min，确保相变材料完成熔化过程，之后再将烧杯置于 0℃ 的电冰箱中冷却 30min，确保相变材料完成凝固过程，这样便完成一次热循环。共对样品进行 200 次热循环，对热循环前后的 PEG/硅藻土定形相变材料采用 DSC、TGA 测试。

6.1.4 PEG/硅藻土定形相变材料的表征结果

6.1.4.1 PEG/硅藻土定形相变材料的 BET 分析

表 6.1 给出了硅藻土基体和 PEG2000/硅藻土定形相变材料的 BET 测试结果。由表 6.1 可见，PEG/硅藻土定形相变材料的 BET 比表面积和总的孔体积远低于硅藻土基体，归因于 PEG 在硅藻土表面和孔道中的吸附。

表 6.1 硅藻土基体和 PEG2000/硅藻土定形相变材料的 BET 测试结果

样品	$S_{BET}/(m^2/g)$	$V_{pore}/(cm^3/g)$
硅藻土	54.12	0.0243
55% PEG/硅藻土	1.92	0.0075

6.1.4.2 PEG/硅藻土定形相变材料的 FT – IR 分析

图 6.1 所示为硅藻土基体、PEG2000 以及 55% PEG/硅藻土定形相变材料的红外光谱图。

纯 PEG 红外光谱图（见图 6.1a）上可见 1106cm^{-1}、1249cm^{-1}、1297cm^{-1}、1351cm^{-1}、1455cm^{-1}、2871cm^{-1} 和 3440cm^{-1} 处的吸收峰，其中，1106cm^{-1} 处的吸收峰是由于 C—O 基团的伸缩振动所致，2871cm^{-1} 处的吸收峰是由于 —CH$_2$ 基团的伸缩振动所致，3440cm^{-1} 处的吸收峰是由于 O—H 基团的伸缩振动所致。硅藻土基体（见图 6.1c）在 1093cm^{-1} 处的吸收峰归因于硅氧烷（—Si—O—Si—）基团的伸缩振动，792cm^{-1} 处的吸收峰是由 SiO—H 的伸缩振动引起的。而 PEG/硅藻土定形相变材料的红外光谱图（见图 6.1b）由硅藻土基体和纯 PEG 的红外光谱图叠加而成，未见新的吸收峰，表明硅藻土基体与 PEG 之间仅为物理作用，也正是该作用阻止了熔化态的 PEG 从硅藻土中泄漏。

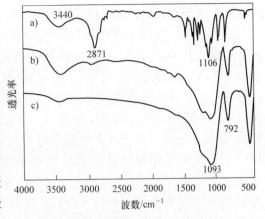

图 6.1　硅藻土基体、PEG2000 及其复合的定形相变材料的红外光谱图
a) PEG2000　b) 55%PEG/硅藻土定形相变材料　c) 硅藻土基体

6.1.4.3　PEG/硅藻土定形相变材料的 SEM 分析

图 6.2 显示了硅藻土基体和 55%PEG2000/硅藻土定形相变材料的 SEM 照片。由图 6.2a 可见，硅藻土呈圆盘状，表面有明显孔洞，图 6.2a 所示的局部放大图 6.2b 清楚地显示了硅藻土表面丰富的孔洞，其排列有序。由图 6.2c 和 d 可以看到，PEG 与硅藻土复合后，因硅藻土对 PEG 的吸附作用，PEG 附着包覆在硅藻土表面，有部分 PEG 进入硅藻土基体的孔洞。

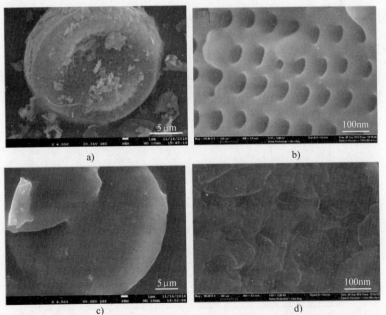

图 6.2　硅藻土基体和 55%PEG2000/硅藻土定形相变材料的 SEM 照片
a)、b) 硅藻土基体　c)、d) PEG/硅藻土定形相变材料

6.1.4.4 PEG/硅藻土定形相变材料的 XRD 分析

图 6.3 所示为 PEG2000 与 55% PEG/硅藻土定形相变材料的 XRD 测试结果。由图 6.3 可见，硅藻土基体加入后，PEG 的晶体结构并没有发生改变。因此可以推断，PEG 与硅藻土的复合仅是简单的物理共混，并没有发生化学反应生成新物质，这与红外光谱（见图 6.1）的结果一致。从图 6.3 中还可以看到，PEG/硅藻土定形相变材料中 PEG 的结晶衍射峰强度远低于纯 PEG，这是由于硅藻土基体对 PEG 的吸附作用（BET 和 SEM 结果）限制了 PEG 分子链的运动，使其结晶受限。除了受限的 PEG 分子链，硅藻土孔道内还存在着自由的 PEG 分子链，其具有结晶性，如图 6.4 所示。

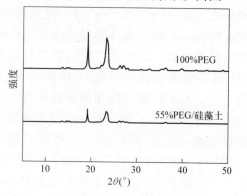

图 6.3 PEG2000 与 55% PEG/硅藻土定形相变材料的 XRD 谱图

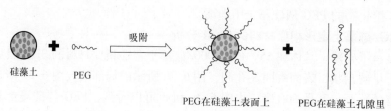

图 6.4 PEG 与硅藻土的作用示意图

6.1.5 PEG/硅藻土定形相变材料的热性能

6.1.5.1 PEG/硅藻土定形相变材料的储-放热性能

图 6.5 所示为 PEG2000 与 55% PEG/硅藻土定形相变材料的 DSC 曲线，表 6.2 给出了纯

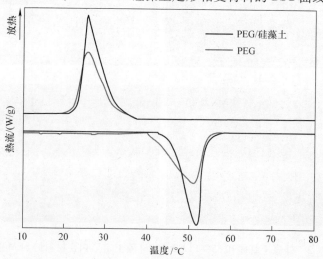

图 6.5 PEG2000 和 55% PEG/硅藻土定形相变材料的 DSC 曲线

PEG2000 和 55% PEG/硅藻土定形相变材料的相变温度和相变焓。由表 6.2 可见，PEG/硅藻土定形相变材料的相变温度比纯 PEG 的分别降低了 0.3℃ 和 0.4℃，相变温度变化较小。纯 PEG 的相变潜热为 167.6J/g 和 178.2J/g，而 55% PEG/硅藻土定形相变材料的相变潜热分别为 76.9J/g 和 80.5J/g，低于其理论值（理论值分别为熔化热 178.2J/g × 55% = 98.0J/g，凝固热 167.6J/g × 55% = 92.18J/g），主要是由于基体材料与 PEG 之间的物理吸附作用干扰了 PEG 的结晶。

表 6.2 PEG2000 和 55% PEG/硅藻土定形相变材料的相变温度和相变焓

样品	凝固焓/(J/g)	熔化焓/(J/g)	凝固点/℃	熔点/℃
PEG2000	167.6	178.2	27.4	51.9
55% PEG/硅藻土	76.9	80.5	27.1	51.5

根据图 6.5 给出的 DSC 测试结果，可以通过式 $(1 - \Delta H_s / \Delta H_f) \times 100\%$ 计算熔化和结晶过程的热损失来评价储热效率，通过熔点与凝固点作差来评价相变材料的过冷程度。图 6.6 给出了 PEG2000 和 55% PEG/硅藻土定形相变材料相变焓和热损失百分数的对比结果，PEG/硅藻土定形相变材料的熔化热和凝固热均低于纯 PEG 的，归因于硅藻土基体的加入减少了 PEG 的质量分数，同时限制了 PEG 的结晶。图 6.7 所示为 PEG2000 和 55% PEG/硅藻土定形相变材料相变温度和过冷度的对比结果，PEG/硅藻土定形相变材料的相变温度和过冷度略低于纯 PEG 的，差别并不明显。

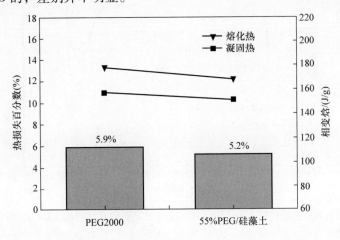

图 6.6 PEG2000 和 55% PEG/硅藻土定形相变材料的相变焓和热损失百分数对比

6.1.5.2 PEG/硅藻土定形相变材料的热循环性

55% PEG/硅藻土定形相变材料在 200 次热循环后并未发生泄漏现象，仍然具有很好的定形能力。利用 FT-IR、DSC 和 TGA 对热循环前、后 PEG/硅藻土定形相变材料的表面性质、储-放热性能和热稳定性进行研究。

（1）FT-IR 分析

图 6.8 显示了热循环前、后 55% PEG/硅藻土定形相变材料的 FT-IR 谱图。由图 6.8 可见，热循环 200 次后 PEG/硅藻土定形相变材料 FT-IR 谱图几乎没有变化，可见反复熔化和凝固并未影响和改变 PEG/硅藻土定形相变材料的表面性质。

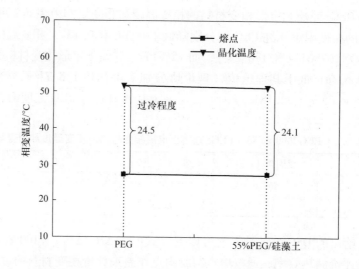

图 6.7 PEG2000 和 55% PEG/硅藻土定形相变材料相变温度和过冷度对比

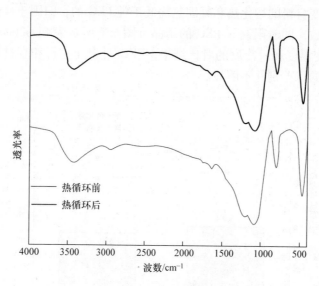

图 6.8 热循环前、后 55% PEG/硅藻土定形相变材料的 FT–IR 谱图

（2）DSC 分析

图 6.9 所示为热循环前、后 55% PEG/硅藻土定形相变材料的 DSC 曲线。表 6.3 给出了热循环前、后 PEG/硅藻土定形相变材料的相变温度和相变焓。由图 6.9 可见，PEG/硅藻土定形相变材料的 DSC 曲线并没有因为 200 次反复熔化和凝固而有很大的改变。200 次热循环后 PEG/硅藻土定形相变材料的相变温度分别改变了 0.5℃ 和 0.6℃，相变焓变化了 2.5J/g 和 2.4J/g。可见，55% PEG/硅藻土定形相变材料具有良好的热循环性。

（3）TGA 分析

图 6.10 所示为 PEG2000 和热循环前、后 55% PEG/硅藻土定形相变材料的 TGA 测试结果。由图 6.10 可见，纯 PEG 在 295℃ 左右开始一步失重，在 415℃ 左右热分解结束剩余质量分数约 3% 的残余物（PEG 存在的杂质）。热循环前、后 PEG/硅藻土定形相变材料的 TGA 曲线保持很好的一致性，均在 265℃ 左右开始一步失重，390℃ 左右热分解结束，表明样品

在265℃以下具有良好的热稳定性。55%PEG/硅藻土定形相变材料在 PEG 完全热分解后剩余质量分数约48%的残余物（硅藻土和少量 PEG 存在的杂质），表明制备的样品十分均匀，且 PEG 和硅藻土在复合相变材料制备过程中基本无损失。

表 6.3　热循环前、后55%PEG/硅藻土定形相变材料的相变温度和相变焓

相变	T_{before}/℃	T_{after}/℃	ΔT/℃	ΔH_{before}/(J/g)	ΔH_{after}/(J/g)	$\Delta H_{\text{before}} - \Delta H_{\text{after}}$/(J/g)
凝固	27.1	26.5	0.5	76.9	74.3	2.5
熔化	51.5	50.9	0.6	80.5	78.1	2.4

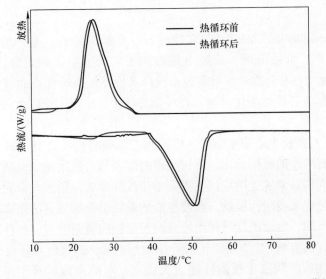

图 6.9　热循环前、后55%PEG/硅藻土定形相变材料的 DSC 曲线

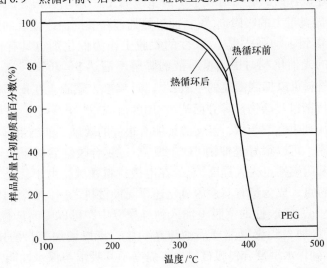

图 6.10　热循环前、后55%PEG/硅藻土定形相变材料的 TGA 曲线

6.1.6　本节小结

PEG/硅藻土复合相变材料的定形能力为质量分数55%。PEG 与硅藻土之间只存在简单

的物理吸附作用，并没有发生化学变化生成新的物质。PEG/硅藻土定形复合相变材料的相变温度分别为 27.1 ℃和 51.5 ℃，相变焓为 76.9J/g 和 80.5J/g；硅藻土的加入对 PEG 的相变温度影响较小；200 次热循环后，PEG/硅藻土定形相变材料未发生泄漏现象，在 265℃以下未发生热分解现象，表明制备的定形相变材料具有良好的热循环性和热稳定性。

6.2 PEG/蒙脱土定形相变材料

6.2.1 概述

蒙脱土（Montmorillonite，MMT）又名胶岭石、微晶高岭石，是一种硅酸盐天然矿物，其贮量丰富、分布广、价格低廉。蒙脱土是膨润土矿的主要矿物组分，主要包含 Al_2O_3、MgO、SiO_2 等。蒙脱土具有分散性、吸附脱水性以及价格低廉等优点而被广泛应用。经过改性的蒙脱土更适合制备各种功能性材料，在环保、催化、皮革工业以及医药等领域受到广泛的关注。

高廷耀等人[11]对蒙脱土吸附水中苯、甲苯和乙苯等有机物进行了研究，结果表明，蒙脱土对这些有机物有一定的吸附作用，不过吸附时间较长且吸附量少。随着对蒙脱土结构和性质研究的深入，人们对蒙脱土的应用主要集中于改性后的蒙脱土。蒙脱土的吸附作用主要是通过阳离子交换过程来吸附污染物，而改性后的蒙脱土能加强其阴阳离子交换能力，提高其协同吸收、表面吸附、表面沉淀等作用增强对污染物的吸附能力。改性蒙脱土吸附剂可用于吸收水、空气、有机溶剂[12-14]等不同媒介中的污染物，以吸附水环境中污染物的研究最多。如经碳酸钠改性后的蒙脱土吸附性能大大提高，对刚果红的吸附率可达 99.99%[15]；经过壳聚糖和 Fe_3O_4 改性的蒙脱土对废水中的重金属铬（VI）有很好的吸附效果，是去除废水中铬（VI）的颇具潜力的吸附剂[16]；通过热处理和酸洗涤改性后的蒙脱土，对各种污染物的吸附能力都得到了加强[17,18]。改性的蒙脱土作为催化剂也具有很重要的应用，如 TiO_2 与蒙脱土复合的光催化剂对甲基橙溶液的降解率高达 96.36%[19]；在紫外光辅助下，TiO_2-蒙脱土复合材料可以抑制颤藻的生长[20]。近年来，蒙脱土在皮革领域中鞣剂、加脂剂、防霉整理剂、抗菌以及涂饰剂等方面[21]应用的研究也层出不穷。蒙脱土还具有阻燃作用，将其改性后应用到阻燃剂领域，经实验证明有很好的效果。如纳米有机蒙脱土对木质壁纸有一定的阻燃作用，可以很好地抑制 CO 生成[22]；复合改性后的蒙脱土添加到聚氨酯树脂中，其热稳定性和阻燃性也大大提高[23]。在电极材料领域，由于蒙脱土具有低成本、轻量级和性能稳定的特点，成为最有前途的氧化还原阴极材料之一，在燃料电池行业有着很大的潜力[24]。除此之外，将改性的蒙脱土加入到硅橡胶中，可以提高硅橡胶的性能[25]；将蒙脱土-稻壳粉复合加入到聚氨酯硬质泡沫塑料中，可以增加塑料的压缩强度和冲击强度[26]；蒙脱土加入到保水型复合包膜材料中，提高了其吸水与保水性能，而且对肥料的缓释无显著影响[27]。

本节介绍 PEG/蒙脱土定形相变材料。以 PEG 为相变物质、蒙脱土为基体材料，通过物理共混的方法制备 PEG/蒙脱土定形相变材料，利用 BET、FT-IR、SEM、XRD、DSC、TGA 等测试技术对制备的 PEG/蒙脱土定形相变材料进行表征及热性能测试，探讨蒙脱土及 PEG 质量分数对定形相变材料的相变行为、热稳定性和热循环性的影响。

6.2.2　PEG/蒙脱土定形相变材料的制备

化学纯的 PEG（相对分子质量为 4000）和蒙脱土均购自国药集团北京化学试剂有限公司。采用物理共混及浸渍的方法制备 PEG/蒙脱土定形相变材料，首先取一定量的 PEG 加热熔化并溶解于无水乙醇中，然后在搅拌下将一定量的蒙脱土加入上述 PEG 溶液，为减少搅拌过程中乙醇的挥发使用保鲜膜将其密封，继续搅拌 4h，最后将混合液置于 80℃ 的烘箱内干燥 72h，以便乙醇溶剂挥发去除和考察复合相变材料在 PEG 熔点以上的温度下的定形情况。研究发现，PEG/蒙脱土复合相变材料的定形能力为质量分数 60%。

6.2.3　PEG/蒙脱土定形相变材料的性能测试

BET：采用 Belsorp – mini Ⅱ 型比表面积分析仪（日本 BEL 公司）测定样品的 BET 比表面积和总的孔体积。N_2 为吸附质分子，蒙脱土基体在 200℃ 下脱气 2h，PEG/蒙脱土定形相变材料样品于真空下保持 60℃ 脱气 3h，脱气后再将样品置于分析站上进行液氮温度下的 N_2 吸附。

FT – IR：同 6.1.3 节。

SEM：同 6.1.3 节。

XRD：同 6.1.3 节。

DSC：采用 STA449F3 型同步热分析仪（德国 Netzsch 公司）测定 PEG/蒙脱土定形相变材料的相变温度和相变焓。样品在氮气气氛中以 10℃/min 的速率在 0～100℃ 加热和冷却。

TGA：采用 STA449F3 型同步热分析仪（德国 Netzsch 公司）测 PEG/蒙脱土定形相变材料的热稳定性。样品置于干燥的氮气气氛下，以 10℃/min 的速率由室温升至 500℃。

通过样品在烘箱中熔化与在电冰箱中凝固之间多次循环来评估其热循环性。将 PEG/蒙脱土定形相变材料密封在烧杯中，然后将烧杯置于 80℃ 的烘箱中 30min，确保相变材料完成熔化过程，之后再将烧杯置于 0℃ 的电冰箱中冷却 30min，确保相变材料完成凝固过程，这样便完成一次热循环。共对样品进行 200 次热循环，对热循环前后的 PEG/蒙脱土定形相变材料采用 DSC、TGA 测试。

6.2.4　PEG/蒙脱土定形相变材料的表征结果

6.2.4.1　PEG/蒙脱土定形相变材料的 BET 分析

表 6.4 为蒙脱土基体和 PEG/蒙脱土定形相变材料的 BET 测试结果。由表 6.4 可见，蒙脱土基体具有一定的比表面积与孔体积，PEG/蒙脱土定形相变材料的 BET 比表面积和总的孔体积明显低于蒙脱土基体的，且其随着 PEG 质量分数的增加而下降，这是由 PEG 在蒙脱土表面的吸附及 PEG 堵塞蒙脱土层间通道所致。

表 6.4　蒙脱土基体和 PEG/蒙脱土定形相变材料的 BET 测试结果

样品	$S_{BET}/(m^2/g)$	$V_{pore}/(cm^3/g)$
蒙脱土	13.18	0.0234
30% PEG/蒙脱土	3.62	0.0145
40% PEG/蒙脱土	1.98	0.096
50% PEG/蒙脱土	1.06	0.057

6.2.4.2　PEG/蒙脱土定形相变材料的 FT – IR 分析

图 6.11 所示为蒙脱土基体、PEG4000 以及 60% PEG/蒙脱土定形相变材料的 FT – IR 谱图。纯 PEG FT – IR 谱图（见图 6.11b）上可以观察到 1106cm^{-1}、2871cm^{-1} 和 3440cm^{-1} 处的吸收峰，1106cm^{-1} 处的吸收峰归因于 C – O 基团的伸缩振动，2871cm^{-1} 处的吸收峰归因于 – CH$_2$ 基团的伸缩振动，3440cm^{-1} 处的吸收峰归因于 O – H 基团的伸缩振动。此外，还可以看到 925cm^{-1} 和 842cm^{-1} 处的吸收峰，分别由 PEG 的结晶峰和 C – C – O 键引起。蒙脱土基体（见图 6.11c）1030cm^{-1} 处的吸收峰为 Si – O 的伸缩振动峰；1640cm^{-1} 处的吸收峰是蒙脱土吸附的 Na$^+$ 特征峰；3640cm^{-1} 处为 – OH 的伸缩振动峰，这是蒙脱土有少量结合水作用的缘故。对于 PEG/蒙脱土定形相变材料（见图 6.11a）来说，其 FT – IR 谱图由蒙脱土基体和纯 PEG 的 FT – IR 谱图叠加而成，并没有新的吸收峰，表明蒙脱土基体与 PEG 之间仅存在物理作用，正是该作用阻止了熔化态的 PEG 从蒙脱土基体中泄漏。

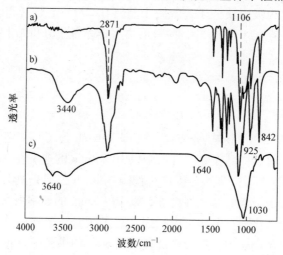

图 6.11　蒙脱土基体、PEG4000 和 60% PEG/蒙脱土定形相变材料的 FT – IR 谱图
a）60% PEG/蒙脱土定形相变材料　b）PEG4000　c）蒙脱土

6.2.4.3　PEG/蒙脱土定形相变材料的 SEM 分析

图 6.12 显示了蒙脱土和不同 PEG 质量分数的 PEG/蒙脱土定形相变材料的 SEM 照片。由图 6.12 可见，蒙脱土为不规则的片层结构（见图 6.12a）；PEG 与蒙脱土复合后，PEG 吸附在蒙脱土片层上（见图 6.12b～d），随着 PEG 质量分数的增加，当 PEG 质量分数增加到 60% 时，蒙脱土片层被 PEG 完全包裹，形成了较平滑的表面（见图 6.12d）。

6.2.4.4　PEG/蒙脱土定形相变材料的 XRD 分析

图 6.13 所示为 PEG/蒙脱土定形相变材料的 XRD 测试结果。由图 6.13 可见，PEG/蒙脱土定形相变材料的 XRD 谱图与 PEG 的基本一致，基体的加入，并未改变 PEG 的晶体结构。因此可以推断，PEG 与蒙脱土的复合是简单的物理共混，并没有发生化学反应生成新物质，这与 FT – IR 光谱（见图 6.11）的结果一致。但是，PEG/蒙脱土定形相变材料中 PEG 的结晶衍射峰的强度明显低于纯 PEG 的，并且随 PEG 质量分数的减少而变弱，归因于蒙脱土片层对 PEG 的吸附限制了 PEG 分子链的运动，使其结晶受限。

图 6.12　蒙脱土和不同 PEG 质量分数的 PEG/蒙脱土定形相变材料的 SEM 照片

a）蒙脱土基体　b）40%PEG/MMT PCM　c）50%PEG/MMT PCM　d）60%PEG/MMT PCM

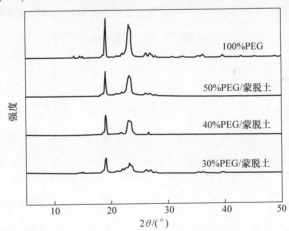

图 6.13　PEG 与不同 PEG 质量分数的 PEG4000/蒙脱土定形相变材料的 XRD 谱图

6.2.5　PEG/蒙脱土定形相变材料的热性能

6.2.5.1　PEG/蒙脱土定形相变材料的储 - 放热分析

　　图 6.14 所示为 PEG4000 和 PEG4000/蒙脱土定形相变材料在升温和降温过程中的 DSC 曲线，表 6.5 给出了 PEG4000 和 PEG4000/蒙脱土定形相变材料的相变温度和相变焓。PEG/蒙脱土定形相变材料的相变温度低于纯 PEG 的，且随着 PEG 质量分数的增加而增大。PEG/蒙脱土定形相变材料的相变焓随 PEG 质量分数的增加而增大。如图 6.15 所示，当 PEG 质量分数较低时（30%），大部分 PEG 分子链被蒙脱土吸附，PEG 分子链的活动受限，大多不能形成晶区（T），此时热焓值很小；随着 PEG 质量分数的增加，除了受限的 PEG，在蒙脱土

层间还存在着自由的 PEG 可以结晶，使 PEG/蒙脱土定形相变材料的相变焓变大，60% PEG/蒙脱土定形相变材料的相变焓最大，熔化热和凝固热分别为 95.1J/g 和 84.4J/g，由于其中的 PEG 不是全部结晶，其相变焓低于理论值。

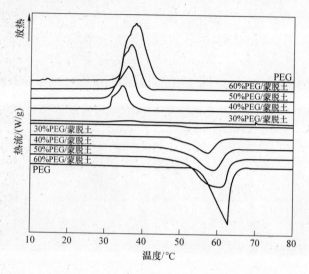

图 6.14　PEG4000 和不同 PEG 质量分数的 PEG4000/蒙脱土定形相变材料的 DSC 曲线

表 6.5　**PEG4000 和 PEG4000/蒙脱土定形相变材料的相变温度和相变焓**

样品	PEG	60% PEG /蒙脱土	50% PEG /蒙脱土	40% PEG /蒙脱土	30% PEG /蒙脱土
熔化焓/(J/g)	190.5	95.1	80.4	43.5	—
凝固焓/(J/g)	177.2	84.4	69.9	40.1	—
熔点/℃	62.1	60.3	59.0	58.1	—
凝固点/℃	38.6	37.9	37.5	36.8	—

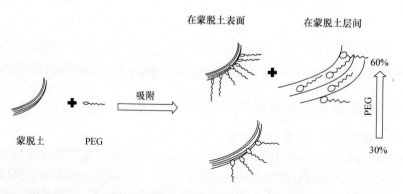

图 6.15　PEG 与蒙脱土的作用示意图

根据图 6.14 给出的 DSC 测试结果，通过式 $(1 - \Delta H_s / \Delta H_f) \times 100\%$ 计算熔化和结晶过程的热损失来评价储热效率，通过熔点与结晶温度作差来评价相变材料的过冷程度。

PEG4000 和 PEG4000/蒙脱土定形相变材料相变焓和热损失百分数的对比结果如图 6.16 所示。PEG/蒙脱土定形相变材料的熔化热和凝固热均低于纯 PEG 的，一方面，蒙脱土基体的加入减少了 PEG 的质量分数，另一方面，PEG 与蒙脱土之间的吸附作用干扰了 PEG 的结晶。PEG/蒙脱土定形相变材料的储热效率低于纯 PEG 的，PEG 质量分数为 40% 的定形相变材料的储热效率最高。图 6.17 所示为 PEG4000 和 PEG4000/蒙脱土定形相变材料相变温度和过冷度的对比结果。PEG/蒙脱土定形相变材料的相变温度均低于纯 PEG 的，过冷度略小于纯 PEG 的，表明蒙脱土基体的加入能够在一定程度上降低相变材的相变温度和过冷度。

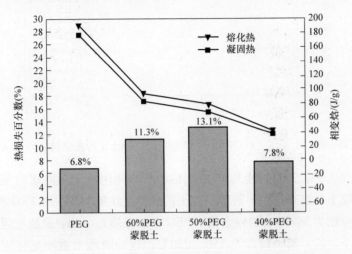

图 6.16   PEG4000 与 PEG4000/蒙脱土定形相变材料的相变焓和热损失百分数的对比

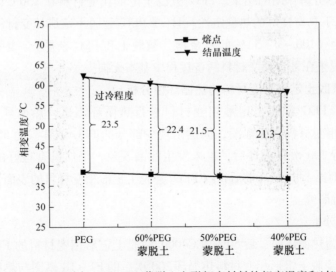

图 6.17   PEG4000 与 PEG4000/蒙脱土定形相变材料的相变温度和过冷度

6.2.5.2   PEG/蒙脱土定形相变材料的热稳定性分析

图 6.18 显示了蒙脱土基体、PEG4000 以及 PEG4000/蒙脱土定形相变材料的 TGA 测试结果。由图 6.18 可见，蒙脱土的失重过程可分为两个阶段：第一阶段为 50～100℃，蒙脱土失重明显，这是蒙脱土层间的物理吸附水蒸发所致。然而，PEG/蒙脱土定形相变材料在

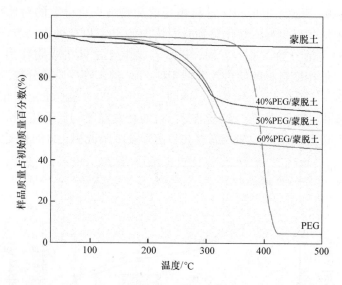

图 6.18 蒙脱土基体、PEG4000 与 PEG4000/蒙脱土定形相变材料的 TGA 曲线

这一阶段并没有发生失重，蒙脱土与 PEG 间的物理作用阻止了吸附水的蒸发。第二阶段为 100～500℃，蒙脱土并没有失重，表明蒙脱土的热稳定性能较高。纯 PEG 在 340℃ 左右一步失重，并有质量分数为 5% 左右的残余物（PEG 中的杂质）。PEG/蒙脱土定形相变材料的失重过程也分为两个阶段：第一阶段是 150～220℃，这一阶段失重不是特别明显，这是由于在高温作用下吸附水挣脱物理作用力而脱附导致的；第二阶段是 220～320℃，这一阶段失重明显，是 PEG 热分解作用的结果。PEG/蒙脱土定形相变材料在 150℃ 以下无热分解，表明样品在 150℃ 以下具有良好的热稳定性。且 x% PEG/蒙脱土定形相变材料在 PEG 热分解后剩余质量分数约为 $(100 - x + 5)$% 的残余物（蒙脱土和 PEG 杂质），表明制备的样品十分均一，PEG 和蒙脱土在复合相变材料制备过程中基本无损失。

6.2.5.3 PEG/蒙脱土定形相变材料的热循环性分析

对 60%、50% PEG/蒙脱土定形相变材料进行热循环测试，热循环 50 次左右，60% PEG/蒙脱土定形相变材料发生泄漏，周围出现少部分的 PEG 液体。而 50% PEG/蒙脱土定形相变材料在进行 200 次热循环后，也未发生泄漏现象，仍然具有很好的定形能力。利用 FT－IR、DSC 和 TGA 对热循环前后 50% PEG/蒙脱土定形相变材料的表面性质、储－放热性能和热稳定性进行研究。

（1）FT－IR 分析

图 6.19 所示为热循环前、后 50% PEG4000/蒙脱土定形相变材料的 FT－IR 谱图。由图 6.19 可知，PEG/蒙脱土定形相变材料热循环 200 次后的 FT－IR 谱图与热循环前的几乎保持一致。这样的结果可以说明，PEG 质量分数为 50% 的 PEG/蒙脱土定形相变材料的表面性质不受反复熔化和凝固的影响。

（2）DSC 分析

图 6.20 所示为热循环前、后 50% PEG4000/蒙脱土定形相变材料的 DSC 曲线。200 次热循环前后 50% PEG/蒙脱土定形相变材料的相变温度与相变焓的变化见表 6.6。由图 6.20 可

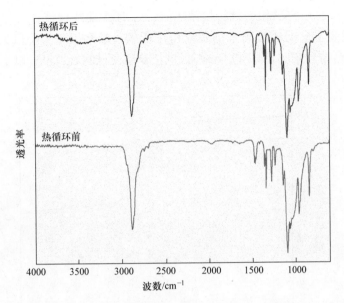

图 6.19　热循环前、后 50% PEG4000/蒙脱土定形相变材料的 FT-IR 谱图

见，50% PEG/蒙脱土定形相变材料热循环前、后的 DSC 曲线存在一定变化，凝固点和熔点分别改变了 3.4℃和 4.4℃，凝固焓和熔化焓变化了 3.0J/g 和 1.1J/g。

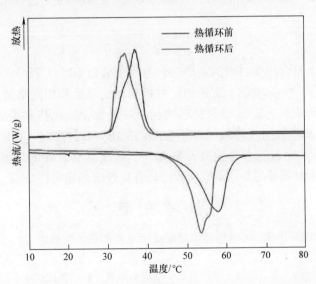

图 6.20　热循环前、后 50% PEG4000/蒙脱土定形相变材料的 DSC 曲线

表 6.6　热循环前、后 50% PEG4000/蒙脱土定形材料的相变温度和相变焓

相变	T_{before}/℃	T_{after}/℃	ΔT/℃	ΔH_{before}/(J/g)	ΔH_{after}/(J/g)	$\Delta H_{before} - \Delta H_{after}$/(J/g)
凝固	37.5	34.1	3.4	69.9	72.9	3.0
熔化	59.0	54.6	4.4	80.4	81.5	1.1

（3）TGA 分析

图 6.21 显示了热循环前、后 50% PEG4000/蒙脱土定形相变材料的 TGA 测试结果。由图

6.21 可见，PEG/蒙脱土定形相变材料热循环前、后 TGA 曲线保持很好的一致性，在150～220℃的失重由蒙脱土层间的吸附水的脱附作用所致，220～320℃阶段失重明显，归因于 PEG 的热分解。热循环前、后的 PEG/蒙脱土定形相变材料在 150℃ 以下具有良好的热稳定性。

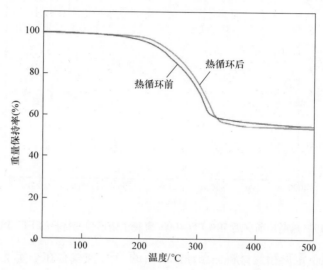

图 6.21　热循环前、后 50% PEG4000/蒙脱土定形相变材料的 TGA 曲线

6.2.6　本节小结

PEG4000/蒙脱土复合相变材料的定形能力为质量分数 60%，PEG 与蒙脱土之间只存在简单的物理吸附作用。PEG/蒙脱土定形相变材料的相变温度和相变焓随 PEG 质量分数的增加而增大，60% PEG/蒙脱土定形相变材料的相变焓最大，熔化热和凝固热分别为 95.1J/g 和 84.4J/g，蒙脱土基体的加入降低了 PEG 的相变温度和过冷度。PEG/蒙脱土定形相变材料在 200 次热循环后的定形能力为质量分数 50%，样品具有良好的热循环性，所有制备的 PEG/蒙脱土定形相变材料样品在 150℃ 以下均具有良好的热稳定性。

参 考 文 献

[1] 谷志攀，何少华，周炀，等. 天然硅藻土吸附活性染料的热力学研究 [J]. 山东化工，2009，38 (4)：7-10.

[2] 谷志攀，何少华，周炀，等. 硅藻土吸附废水中染料的研究 [J]. 现代矿业，2008，24 (7)：43-46.

[3] 彭进平，郭建维，崔亦华. 改性硅藻土对富营养化水体中磷的吸附行为 [J]. 离子交换与吸附，2012，28 (1)：35-45.

[4] DU, ZHENG, WANG, et al. MnO$_2$ nanowires in situ grown on diatomite: Highly efficient absorbents for the removal of Cr (Ⅵ) and As (Ⅴ) [J]. Microporous & Mesoporous Materials, 2014, 200: 27-34.

[5] DU, FAN, WANG, et al. α-Fe$_2$O$_3$ nanowires deposited diatomite: Highly efficient absorbents for the removal of arsenic [J]. Journal of Materials Chemistry A, 2013, 1 (26): 7729-7737.

[6] 任华峰，苗英霞，邱金泉，等. 硅藻土助滤剂在海水净化中的应用 [J]. 化工进展，2014，33 (1)：238-241.

[7] 诸爱珍. 硅藻土基多孔陶瓷的研制 [J]. 陶瓷，2004，(1)：17-18.

[8] 孙德文，宋宝祥. 硅藻土的理化特性及其在造纸领域的应用 [J]. 中国造纸，2010，29 (8)：65 – 71.

[9] 郑佳宜，陈振乾. 硅藻土基调湿建筑材料的应用仿真模拟 [J]. 东南大学学报 (自然科学版)，2013，43 (4)：840 – 844.

[10] 杨哲斌. 硅藻土在建筑装饰工程或家庭装修中的应用现状 [J]. 中国建材科技，2014，(2)：18 – 20.

[11] 高廷耀，范瑾初，向阳. 蒙脱土和海泡石对水中苯、甲苯和乙苯的吸附研究 [J]. 同济大学学报 (自然科学版)，1993，21 (2)：139 – 144.

[12] BHATTACHARYYA, GUPTA. Adsorption of a few heavy metals on natural and modified kaolinite and montmorillonite: A review [J]. Advances in Colloid & Interface Science, 2008, 140 (2): 114 – 131.

[13] RUAN, ZHU, CHEN. Adsorptive characteristics of the siloxane surfaces of reduced – charge bentonites saturated with tetramethylammonium cation [J]. Environmental Science & Technology, 2008, 42 (21): 7911 – 7917.

[14] JARRAYA, FOURMENTIN, BENZINA, et al. VOC adsorption on raw and modified clay materials [J]. Chemical Geology, 2010, 275 (1 – 2): 1 – 8.

[15] 杨丽霞，刘娜，赵斯琴，等. 改性蒙脱土对刚果红的吸附性能研究 [J]. 化工矿物与加工，2015，(2)：24 – 27.

[16] CHEN, LI, WU, et al. Preparation and characterization of chitosan/montmorillonite magnetic microspheres and its application for the removal of Cr (VI) [J]. Chemical Engineering Journal, 2013, 221 (4): 8 – 15

[17] KRISHNA BHATTACHARYYA, SUSMITA SEN GUPTA. Influence of acid activation of kaolinite and montmorillonite on adsorptive removal of Cd (II) from water [J]. Industrial & Engineering Chemistry Research, 2007, 46 (11): 3734 – 3742.

[18] YUAN, THENG, CHURCHMAN, et al. Chapter 5.1 – clays and clay minerals for pollution control [J]. Developments in Clay Science, 2013, 5: 587 – 644.

[19] 杨丽霞，刘娜，赵斯琴，等. TiO₂ 蒙脱土复合光催化剂的制备及其性能研究 [J]. 非金属矿，2015，38 (1)：12 – 14.

[20] 谷娜，高金龙，董文翠，等. 光辅助下 TiO₂ – 蒙脱土复合材料抑杀蓝藻 [J]. 环境工程学报，2015，9 (6)：2822 – 2828.

[21] 尹岳涛，段徐宾，石传晋，等. 蒙脱土的改性及其在制革工业中的应用进展 [J]. 皮革科学与工程，2016，26 (2)：28 – 34.

[22] 李为义，赵丽娟，张求慧. 纳米有机蒙脱土在膨胀型阻燃剂中的协效和抑烟性 [J]. 材料导报，2016，30 (S27)：90 – 94.

[23] HUANG, GAO, LI, et al. Functionalizing nano – montmorillonites by modified with intumescent flame retardant: Preparation and application in polyurethane [J]. Polymer Degradation & Stability, 2010, 95 (2): 245 – 253.

[24] RAJAPAKSE, MURAKAMI, BANDARA, et al. Preparation and characterization of electronically conducting polypyrrole – montmorillonite nanocomposite and its potential application as a cathode material for oxygen reduction [J]. Electrochimica Acta, 2010, 55 (7): 2490 – 2497.

[25] MISHRA, SHIMPI, MALI. Surface modification of montmorillonite (MMT) using column chromatography technique and its application in silicone rubber nanocomposites [J]. Macromolecular Research, 2012, 20 (1): 44 – 50.

[26] 黄瑞娇，应宗荣，张顺，等. 蒙脱土 – 稻壳复合聚氨酯硬质泡沫的研究 [J]. 化工新型材料，2015，43 (1)：151 – 152.

[27] 董小平，杨丽颖，庞艳荣，等. Y 含量对 La – Mg – Ni – Al 合金相结构与电化学性能的影响 [J]. 材料热处理学报，2017，38 (1)：19 – 23.

第7章 PEG/SiO₂凝胶定形相变材料

7.1 简介

溶胶-凝胶法的反应条件温和,广泛用于纳米粉体、纳米薄膜、纳米纤维等材料的制备。该方法也是定形相变材料的主要制备方法之一。张静等人[1]以棕榈酸为相变材料、正硅酸乙酯为前躯体,采用溶胶-凝胶反应制备了棕榈酸/SiO₂纳米复合定形相变材料,SiO₂具有较高的导热系数,因此与棕榈酸相比,该复合相变储能材料的热导率和储能-释能速率明显提高。林怡辉等人[2]用同样的方法制备了硅胶/硬脂酸纳米复合相变材料,其相变焓可达163.2J/g,相变温度约为55.18℃。人们在PEG/SiO₂定形相变材料方面也开展了一些研究[3-5],Grandi等人[3]利用溶胶-凝胶法制备了不同PEG相对分子质量的PEG/SiO₂定形相变材料(PEG200/SiO₂和PEG600/SiO₂),分析了复合体系的均匀性和热稳定性;Wang等人[4]通过共混法制备了PEG10000/SiO₂复合相变材料,探讨了复合材料的结构和热导性能。Jiang等人[5]观察了PEG19000在SiO₂网络中的受限结晶行为。然而,关于SiO₂骨架对相对分子质量和质量分数不同的PEG的限域效应缺乏系统的研究。本章介绍PEG/SiO₂定形相变材料,利用溶胶-凝胶法制备了不同PEG质量分数和相对分子质量的PEG/SiO₂复合材料,探讨了SiO₂骨架对复合相变材料定形、结晶性能和热力学性质的限域效应,并在此基础上提出了PEG/SiO₂复合材料的相变模型。

7.2 PEG/SiO₂定形相变材料的制备

采用溶胶-凝胶法通过正硅酸乙酯(TEOS)的水解-缩聚反应制备PEG/SiO₂复合材料。具体过程如下:将化学纯的PEG1500按PEG质量分数占PEG1500/SiO₂复合体系的50%~90%分别称取2.5g、3g、3.5g、4g和4.5g的PEG1500,加入30mL无水乙醇,加热(<78℃)搅拌使PEG1500溶于乙醇。然后,按SiO₂在复合相变材料中的质量分数为50%~100%在搅拌下滴加一定量的TEOS,搅拌混合均匀后,加入0.5mol/L的稀盐酸调节溶液pH值为1。混合溶液在搅拌4h后于室温陈化一周形成凝胶,再在40℃的水浴中加热24h后放入台式电热干燥箱(天津泰斯特仪器有限公司)中,于80℃下干燥72h后研磨。选择化学纯PEG4000、PEG6000和PEG10000作为相变材料,TEOS为反应物,制备具有相同PEG质量分数、不同PEG相对分子质量的PEG/SiO₂复合相变材料,其制备过程与PEG1500/SiO₂复合相变材料的相同。

7.3 PEG/SiO₂定形相变材料的性能测试

X射线衍射(XRD):样品的XRD谱图在DMAX 2400型Rigaku衍射仪(日本理学公

司）上采集，铜 Kα 靶，镍滤光，扫描速度为 4°/min，扫描范围（2*θ*）为 5°~50°。通过对 XRD 峰的卷积进行样品结晶度的计算。

　　红外光谱（FT-IR）：采用 8400 型红外光谱仪（日本 Shimadzu 公司）测定样品的红外吸收光谱。单样扫描次数为 60，扫描范围为 400~4000cm⁻¹，分辨率为 4cm⁻¹。将极少量的样品与溴化钾（约为 1:100 的比例）混合磨匀，制成小压片。

　　差示扫描量热（DSC）：采用 Q100 型 DSC 仪（美国 Thermal Analysis 公司）测定样品的相变温度和相变熔。样品在氮气气氛中以 10℃/min 的速率在 30~100℃加热和冷却。

　　扫描电子显微镜（SEM）：采用 S4800 型扫描电子显微镜（日本 JEOL 公司）观察样品的组织形貌。

7.4　PEG1500/SiO₂ 定形相变材料

　　在 PEG 质量分数不同的 PEG1500/SiO₂ 复合体系中，当 PEG 的质量分数为 50%~80% 时，80℃干燥后样品呈固态，即形成定形相变复合体系，而当 PEG 质量分数增加至 90% 时，样品表面渗漏液体明显，无法获得定形相变复合材料。图 7.1 所示为不同 PEG 质量分数的 PEG1500/SiO₂ 定形相变材料的 XRD 谱图，1#~4#样品的 PEG 质量分数分别为 50%、60%、70% 和 80%。为了与复合材料进行比较，分别给出了纯 PEG1500 和利用 TEOS 水解而获得的纯 SiO₂ 凝胶的 XRD 谱图。图 7.1 中，19.20° 和 23.36° 为 PEG1500 的主峰。当 PEG 质量分数低于 70% 时（1#和 2#样品），复合体系呈非晶态；当 PEG 质量分数为 70%（3#样品）时出现钝形的衍射峰，且强度较低；当质量分数增加至 80% 时（4#样品），衍射峰开始变得尖锐，强度较高；根据衍射峰的拟合及结晶区与非晶区面积比计算，3#样品、4#样品和纯 PEG1500 的结晶度分别为 5.1%、15.4% 和 50.8%。因此，从结晶学角度看 PEG 质量分数为 80% 时形成的定形相变复合体系较优。

　　为了比较不同 PEG 质量分数的定形相变材料的热力学性质，将 4 组样品进行 DSC 测试，如图 7.2 所示。值得注意的是，所有 PEG1500/SiO₂ 定形相变材料样品的相变熔大大低于纯 PEG1500 的，哪怕复合相变材料中 PEG 的质量分数较高（80%，4#样品），推其原因可能是大多数 PEG 分子链嵌入硅氧网络，SiO₂ 骨架限制了 PEG 分子链，使其无法经历从无定形相到稳定晶相的相变，因此，复合相变材料在加热过程中从晶态到熔化态的相变很大程度上受阻，导致质量分数高的 4#样品的相变熔也较纯 PEG 的低得多。PEG1500/SiO₂ 复合材料的热力学性质并不理想，特别是，当 PEG 的质量分数低于 70% 时（1#和 2#样品），复合材料无吸热峰，表明复合体系中无结晶态的 PEG1500，这与 XRD 结果一致。当 PEG 质量分数升至 70% 时（3#样品），出现小的吸热峰。随着质量分数的继续增加（80%），4#样品的吸热峰向低温区移动。与其他复合材料样品相比，4#样品有较低的熔点和较高的熔化熔，因此该样品从热力学角度看较优，其结果与 XRD 结晶学分析结果相一致。虽然随着复合相变材料中 PEG 质量分数的升高，其熔点向低温区移动，但是 PEG 质量分数为 100%（纯 PEG）时，熔点反而向高温区移动，这种现象归因于 PEG1500 质量分数不同时，SiO₂ 骨架对其有不同的限制，那么这种限制是如何影响所有 PEG1500/SiO₂ 复合材料样品的热力学行为的呢？

　　实际上，高分子聚合物［如聚乙烯（PE）、聚乙二醇（PEG）］的热力学和动力学行为已经被广泛研究[6-14]，20 世纪 90 年代初，Keller 和他的合作者发现介晶相在相变中起着重

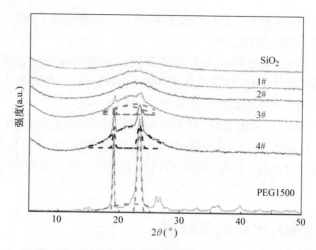

图 7.1　不同 PEG 质量分数的 PEG1500/SiO$_2$ 定形相变材料的 XRD 谱图

（1#～4#样品的 PEG 质量分数分别为 50%、60%、70% 和 80%）

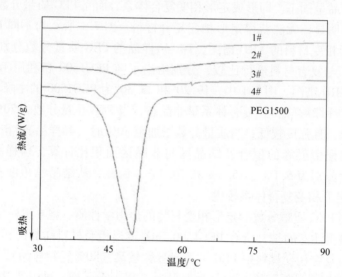

图 7.2　不同 PEG 质量分数的 PEG1500/SiO$_2$ 定形相变材料的 DSC 曲线

（1#～4#样品的 PEG 质量分数分别为 50%、60%、70% 和 80%）

要的作用，介晶相对于宏观系统是亚稳的，但对于尺寸在纳米范围内的微观系统是稳定的，即相的稳定性取决于聚合物结晶的厚度，此外，聚合物的熔点是晶体厚度的函数，可以用式（7.1）表示[14]：

$$T_m = T_m^0 \left(1 - \frac{\beta}{L_c}\right) \tag{7.1}$$

式中，T_m 为聚合物的熔化温度；T_m^0 为平衡熔化温度；L_c 为薄片厚度；$\beta \equiv 2\gamma V_c / \Delta H_m^0$，其中 γ 是晶体与环境液体间界面的表面自由能，V_c 是结晶重复单元的摩尔体积，ΔH_m^0 是 100% 结晶聚合物的熔化焓。

　　因此，研究发现的 PEG1500/SiO$_2$ 复合材料的独特的热力学行为，首先可归因于 SiO$_2$ 骨架对 PEG 相变的尺寸限域效应，即由于 SiO$_2$ 骨架的限制，1#～4#样品的多数相为非晶和介晶，加热过程中从晶态到熔化态的相变受阻。此外，SiO₂ 骨架还抑制了聚合物分子链在 SiO₂ 骨架外的滑动运动，从而抑制了 PEG 的完美结晶。结合 XRD 和 DSC 结果，可以推测 PEG1500/SiO₂ 复合材料在不同 PEG1500 质量分数下的相变和结晶的机理模型，如图 7.3 所示。

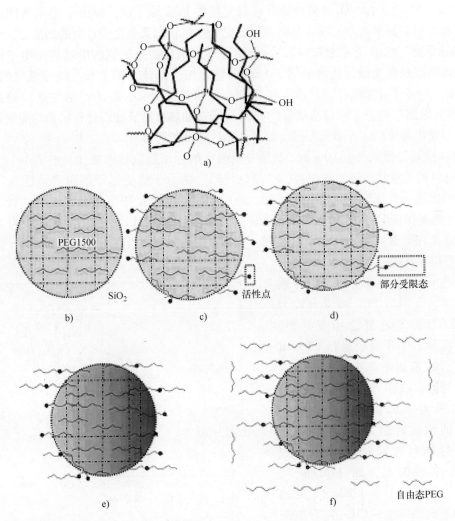

图 7.3　不同 PEG 质量分数的 PEG1500/SiO₂ 复合材料的相转变和结构转变示意图

a) 网络互穿结构[15]，不同 PEG 质量分数的 PEG1500/SiO₂ 复合材料

b) 低于 70% 较多　c) 接近 70%　d) 70%　e) 80%　f) 90%

　　根据文献 [15]，PEG/SiO₂ 复合材料的结构为网络互穿结构（见图 7.3a）。因此，根据前面 XRD 和 DSC 的结果，可以推测当 PEG 的质量分数低于 70% 较多时（如 50%）（见图 7.3b），PEG 分子链彻底嵌入 SiO₂ 骨架的网络内，凝胶化过程发生在液体中，PEG 链在液体中受到 SiO₂ 骨架的限制，从而抑制了薄层聚合物结晶成稳定晶体的增厚。因此，PEG/SiO₂ 复合材料中的 PEG 多为非晶相或介晶相，DSC 几乎检测不到相变潜热，即使通过升温也无法改变其分子链排列状态，即无相变过程发生，DSC 曲线无吸热峰出现。

随着 PEG 质量分数的增加（接近 70%），PEG 分子链的排列方式由于骨架的限制作用仍然无法形成有序的能量低的结晶态，部分 PEG 分子链位于 SiO_2 骨架外面，由于复合材料中 PEG 分子链的连接与非晶相和介晶相中分子链的连接相同，因此这部分分子链具有比纯 PEG 高的能量，骨架外分子链的末端被定义为"活性点"（见图 7.3c）。随着 PEG 质量分数的继续增加（70%），在 SiO_2 骨架外部存在着完整的 PEG 分子链，但由于受"活性点"或骨架表面的限制，其排列方式既非骨架内部的完全限制状态又非完全自由的结晶态，而是所谓的"部分受限"状态（见图 7.3d），这种情况下，聚合物分子链的滑动运动由于活性点或骨架表面的限制而受限，从而限制了 PEG 向稳定相（晶体）的生长。随着温度的升高，"部分受限"的分子链摆脱"活性点"的限制而形成液态分布，由于"活性点"的高能态性质，"部分限制"的分子链较结晶态的 PEG 分子链加热后形成液态分布状态的能量势垒降低，更易于发生相变反应，即相变温度有向低温区移动的趋势。

当 PEG 质量分数增加至 80% 时，"部分受限"的分子链数量增加（见图 7.3e），PEG/SiO_2 复合材料的能量状态进一步提高，"部分受限"的分子链更易于摆脱"活性点"的限制，相变温度进一步降低，而相变焓增加。由于此时"部分受限"的分子链仍然较少，因此可以在干燥时保持定形状态。当 PEG 质量分数增加至 90% 时，复合体系完全被自由态的 PEG 包围（见图 7.3f），由于其不受骨架和"活性点"的限制，当高于相变温度进行干燥时无法形成定形相变材料。

为了进一步研究定形相变复合体系的化学结构，分别对 PEG 质量分数为 80% 的 PEG1500/SiO_2 复合相变材料、纯 PEG1500 和 SiO_2 干凝胶进行 FT – IR 光谱测试，结果如图 7.4 所示。图中 3420 cm^{-1} 处的吸收峰为缩合 – OH 伸缩振动峰和吸附水的振动峰，1600 ~ 1740 cm^{-1} 的吸收峰也为水的吸收峰；2878 cm^{-1} 处的吸收峰对应于 PEG 中 – CH – 的伸缩振动，而 1465 cm^{-1}、1400 cm^{-1}、1385 cm^{-1} 和 1280 cm^{-1} 处的吸收峰对应于 PEG 中 – CH – 的弯曲振动；2357 cm^{-1} 和 2337 cm^{-1} 处的吸收峰为空气中 CO_2 的吸收峰；1120 cm^{-1}、1049 cm^{-1} 处的吸收峰对应于 C – O – C

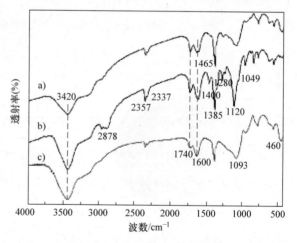

图 7.4　样品的 FT – IR 光谱
a）PEG 质量分数 80% 的 PEG1500/SiO_2 复合相变材料
b）纯 PEG1500　c）SiO_2

的振动；1093 cm^{-1} 处的吸收峰为 Si – O 吸收最强峰，460 cm^{-1} 处的吸收峰也是 Si – O 振动所致。综合观察 3 个样品，PEG/SiO_2 复合材料与纯 PEG 和 SiO_2 相比并无新峰形成，说明在 PEG 和 SiO_2 骨架的复合过程中无化学反应发生，在简单的物理复合过程中形成网络互穿结构。

7.5　不同 PEG 相对分子质量的 PEG/SiO_2 定形相变材料

由前述结果可知，当 PEG 相对分子质量较低时（1500），即使 PEG1500 在相变材料中的质量分数高达 80%，但由于 SiO$_2$ 凝胶的限域效应，复合相变材料的相变焓仍然很低。为了进一步研究 PEG 与 SiO$_2$ 骨架的相互作用，在 PEG 质量分数相同（80%）下，选取不同相对分子质量的 PEG（1500、4000、6000 和 10000）与 SiO$_2$ 复合制备 PEG/SiO$_2$ 复合相变材料，获得的样品分别命名为 4#~7#样品，样品的 XRD 谱图如图 7.5 所示。由图 7.5 可见，4 个样品的主峰均为 PEG 的特征衍射峰，4#~7#样品的结晶度分别为 15.4%、8.0%、47.4% 和 48.3%，即样品的结晶度随 PEG 相对分子质量的增加先降后增。

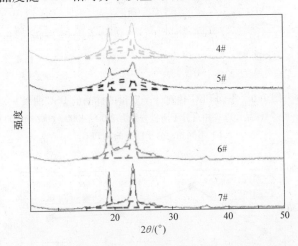

图 7.5　不同 PEG 相对分子质量的 80% PEG/SiO$_2$ 复合相变材料的 XRD 谱图

(4#：1500、5#：4000、6#：6000、7#：10000)

制备的复合相变材料及相应的纯 PEG 的 DSC 曲线如图 7.6 所示。图 7.6a 中，4#~7#样品的 DSC 曲线上均有结晶 PEG 的吸热峰出现。图 7.6b 所示为相应纯 PEG 样品的 DSC 曲线。复合材料和纯 PEG 的熔点（T_m）和相变焓见表 7.1，其对比如图 7.7 所示。随着 PEG 相对分子质量的增加，复合相变材料的相变温度和相变焓均呈先降低后升高的趋势。而纯 PEG 的相变温度随相对分子质量的增加而增加，相变焓呈先增加后降低的趋势，即复合相变材料的热力学性质随 PEG 相对分子质量的变化趋势与纯 PEG 的不同，其原因可能在于与结晶态较完全的纯 PEG 相比，不同相对分子质量的 PEG/SiO$_2$ 复合相变材料由于分子链的长度不同而受到 SiO$_2$ 骨架的限制不同，从而导致热力学性质变化规律的差异。5#样品的结晶行为比较特殊，多次重复实验证实了实验结果，其原因可能在于 SiO$_2$ 骨架对不同的 PEG 分子链的限制不同。此外，与 4#和 5#样品相比，6#和 7#样品的相变焓显著提升，推测其原因可能在于有更多的 PEG 摆脱了 SiO$_2$ 骨架的限制而形成结晶态。根据式（7.2）计算 PEG 相对分子质量不同的 PEG/SiO$_2$ 复合相变材料中结晶态 PEG 的百分含量：

$$C_r = \Delta H_f / (\chi_A \Delta H_f^0) \times 100\% \qquad (7.2)$$

式中，C_r 为结晶态 PEG 的百分含量；ΔH_f 为复合相变材料的相变焓；χ_A 为相变材料中 PEG 的百分含量；ΔH_f^0 为纯 PEG 的相变焓[5]。

由式（7.2）计算得 4#~7#样品的结晶态 PEG 的百分含量分别为 6.19%、2.37%、52.17% 和 78.52%，可见结晶态 PEG 的含量随其相对分子质量的增加先减后增，考虑到纯 PEG 不能完全结晶，DSC 得到的结晶 PEG 的变化趋势与 XRD 得到的结晶度结果一致。为了解释不同 PEG 相对分子质量的复合相变材料中结晶度的"不规则"变化和热力学结果，应

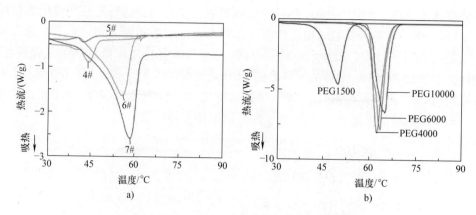

图 7.6 不同 PEG 相对分子质量的样品的 DSC 曲线

a) 4# ~ 7#样品，PEG 相对分子质量分别为 1500、4000、6000 和 10000

b) 不同相对分子质量的纯 PEG

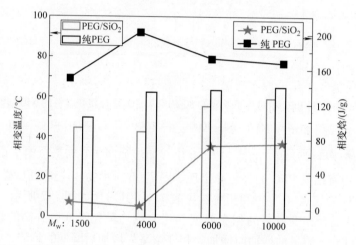

图 7.7 不同 PEG 相对分子质量的复合相变材料与纯 PEG 的热力学性质对比

用上述推测的 PEG/SiO₂ 复合相变材料的相转变和结构转变模型，如图 7.8 所示。

表 7.1 不同 PEG 相对分子质量的样品的热力学性质

样品	$T_m/℃$	焓/(J/g)
4#	44. 37	7. 339
5#	42. 59	1. 937
6#	55. 57	71. 79
7#	59. 38	74. 50
PEG1500	49. 68	148. 2
PEG4000	62. 34	202. 1
PEG6000	63. 36	172. 0
PEG10000	64. 93	167. 0

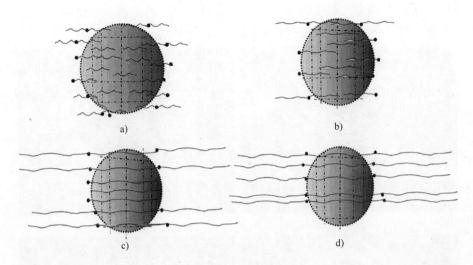

图 7.8　不同 PEG 相对分子质量的 PEG/SiO₂ 复合材料的相转变和结构转变示意图

a) 相对分子质量为 1500　b) 相对分子质量为 4000　c) 相对分子质量为 6000　d) 相对分子质量为 10000

由图 7.8 可知，当 PEG 相对分子质量为 1500 时（见图 7.8a），PEG 分子链的长度较短，大部分 PEG 被限制在 SiO₂ 骨架内，如前所述，SiO₂ 骨架内的 PEG 为非晶相或介晶相，其对复合相变材料的相变潜热几乎没有贡献，而骨架外的 PEG 分子链为"部分受限"，SiO₂ 骨架表面和活性点的限制能力决定着熔化的化学势，从而决定复合相变材料的热力学行为。随着 PEG 相对分子质量增加到 4000（见图 7.8b），非晶和介晶相的 PEG 在复合相变材料中仍占主导，骨架外的 PEG 分子链的长度变长，由于复合材料的总质量恒定，随着 PEG 相对分子质量的增加，PEG 的摩尔数减少，"部分受限"的 PEG（小 PEG 晶体）的量减少，导致复合相变材料的结晶度变差，相变焓明显降低。另外，随着骨架外 PEG 分子链长度的增加，SiO₂ 骨架的限域效应进一步减弱，部分受限的 PEG 在较低温度下倾向于摆脱活性点的限制，即 PEG4000/SiO₂ 复合相变材料的熔点降低。随着 PEG 相对分子质量继续增加到 6000（见图 7.8c），一些 PEG 分子链贯穿 SiO₂ 骨架，使得活性点更靠近骨架，限域效应增强，复合相变材料的熔点增加。同时，由于骨架空间被分子链填满，"部分受限" PEG6000 的量增加，因此，PEG6000/SiO₂ 复合相变材料的相变焓显著增加。当 PEG 的相对分子质量增加至 10000 时（见图 7.8d），"部分受限"的 PEG10000 的量进一步增加，PEG10000/SiO₂ 复合相变材料的结晶度和相变焓进一步提高。换而言之，随 PEG 相对分子质量的不同，复合相变材料结晶度和热力学性质的差异在于 PEG/SiO₂ 复合相变材料中 SiO₂ 骨架对 PEG 分子链的限域效应，不同复合材料的相竞争（非晶相、介晶相、稳定相）是不同的，从而其热力学行为不同。

图 7.9 所示为 4#~7# 样品的 SEM 照片。PEG 作为一种高分子聚合物，在 SEM 的电子枪聚焦过程中容易熔化，经历熔化-凝固过程。相反，SiO₂ 能够保持其刚性骨架，因此，尽管复合材料有非晶相，PEG 和 SiO₂ 在 SEM 照片中是可以明显区别的。当 PEG 相对分子质量为 1500 时（见图 7.9a），SiO₂ 骨架完全被 PEG 层包覆，由于 PEG 层薄，SiO₂ 的骨架结构可见。当 PEG 相对分子质量增加至 4000 时（见图 7.9b），由于受限 PEG 的量少，SiO₂ 骨架更清晰、明显。随着 PEG 相对分子质量增加至 6000（见图 7.9c）和 10000（见图 7.9d），

SiO$_2$ 骨架再度被 PEG 包覆，更长的分子链使 PEG 层变厚，只能看到不规则的形貌。SEM 结果与图 7.8 所示 PEG/SiO$_2$ 复合相变材料中 PEG 的相变和结晶模型的推测一致。

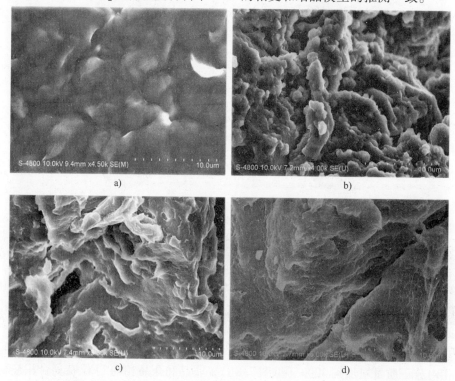

图 7.9　不同 PEG 相对分子质量的 PEG/SiO$_2$ 复合材料的 SEM 照片

a）PEG 的相对分子质量为 1500　b）PEG 的相对分子质量为 4000　c）PEG 的相对分子质量为 6000

d）PEG 的相对分子质量为 10000

7.6　小结

　　PEG/SiO$_2$ 复合相变材料中 PEG 的质量分数和相对分子质量决定了包覆 SiO$_2$ 骨架的"部分受限"PEG 的质量分数，进而影响复合相变材料的结晶性和热力学性能。对于不同 PEG 质量分数的 PEG1500/SiO$_2$ 复合相变材料而言，PEG 质量分数为 80% 时复合体系性能较好，但该体系所有样品的相变焓低。对于相同质量分数（80%）、不同 PEG 相对分子质量的复合体系，相对分子质量的变化改变了结晶态 PEG 的质量分数，从而显著地改变了相变温度和相变焓。由于 SiO$_2$ 骨架的限域效应，复合相变材料的热力学行为不同，PEG1500/SiO$_2$ 复合相变材料的结晶性和热力学行为受 SiO$_2$ 骨架的较强限制，相对分子质量增加到 6000 和 10000 时，复合相变材料的结晶度和热焓显著提高，不同复合相变材料的不同热力学行为归因于 SiO$_2$ 骨架限制下不同的相竞争和 PEG 的结晶行为。

参 考 文 献

[1] 张静，丁益民，陈念贻. 以棕榈酸为基的复合相变材料的制备和表征 ［J］. 盐湖研究，2006，14（1）：9－13.

[2] 林怡辉，张正国，王世平. 硬脂酸—二氧化硅复合相变材料的制备 [J]. 广州化工，2002，30（1）：18 - 21.

[3] GRANDI, MAGISTRIS, MUSTARELLI, et al. Synthesis and characterization of SiO$_2$ - PEG hybrid materials [J]. J Non - Cryst Solids, 2006, 352 (3): 273 - 280.

[4] WANG, YANG, FANG, et al. Preparation and performance of form - stable polyethylene glycol/silicon dioxide composites as solid - liquid phase change materials [J]. Applied Engineering, 2009, 86 (2): 170 - 174.

[5] JIANG, YU, JI, et al. Confined crystallization behavior of PEO in silica networks [J]. Polymer, 2000, 41 (6): 2041 - 2046.

[6] RASTOGI, HIKOSAKA, KAWABATA, et al. Role of mobile phases in the crystallization of polyethylene. Part 1. Metastability and lateral growth [J]. Macromolecules, 1991, 24 (24): 6384 - 6391.

[7] KELLER, HIKOSAKA, RASTOGI. The role of metastability in phase transformations: new pointers through polymer mesophases [J]. Physica Scripta, 1996, T66: 243 - 247.

[8] KELLER, RASTOGI, HIKOSAKA. Polymer crystallisation: Role of metastability and the confluence of thermodynamic and kinetic factors [J]. Macromolecular Symposia, 1997, 124: 67 - 81.

[9] ALBRECHT, ARMBRUSTER, KELLER, et al. Dynamics of Surface Crystallization and Melting in Polyethylene and Poly (ethylene oxide) Studied by Temperature - Modulated DSC and Heat Wave Spectroscopy [J]. Macromolecules, 2001, 34 (24): 8456 - 8467.

[10] ALBRECHT, ARMBRUSTER, KELLER, et al. Kinetics of reversible surface crystallization and melting in poly (ethylene oxide): Effect of crystal thickness observed in the dynamic heat capacity [J]. The European Physical Journal E, 2001, 6 (3): 237 - 243.

[11] HONG, RASTOGI, STROBL. Model Treatment of Tensile Deformation of Semicrystalline Polymers: Static Elastic Moduli and Creep Parameters Derived for a Sample of Polyethylene [J]. Macromolecules, 2004, 37 (26): 10174 - 10179.

[12] RASTOGI, HÖHNE, KELLER. Unusual Pressure - Induced Phase Behavior in Crystalline Poly (4 - methylpentene - 1): Calorimetric and Spectroscopic Results and Further Implications [J]. Macromolecules, 1999, 32 (26): 8897 - 8909.

[13] STROBL. Crystallization and melting of bulk polymers: New observations, conclusions and a thermodynamic scheme [J]. Progress in Polymer Science, 2006, 31 (4): 398 - 442.

[14] PFEFFERKON, KYEREMATENG, BUSSE, et al. Crystallization and Melting of Poly (ethylene oxide) in Blends and Diblock Copolymers with Poly (methyl acrylate) [J]. Macromolecules, 2011, 44 (8): 2953 - 2963.

[15] DU. RESEARCH of PEG/SiO$_2$ form - stable phase change materials by Sol - Gel approach [D]. Chengdu: University of Electronic Science and Technology of China, 2007.

第8章 正二十烷@SiO₂ 微胶囊定形相变材料

8.1 胶囊相变材料

胶囊（Capsule）是一种微小容器，容器内装有染料、油墨、香料或药物等液态或固态物质。胶囊形状可以是球形、肾形、谷粒形或块状等。将芯材物质进行胶囊化后可以实现：①使芯材与外界环境隔离，可抵抗氧、光作用等；②可以使相互作用的物质相混合共存；③可以保护挥发性物质，遮蔽不良气味；④可以使液体固态化，便于使用、存储和运输；⑤可以调节物质的密度；⑥可以使药物在体内持续作用；⑦可以使材料具有光敏性、热敏性、力敏性及半渗透性，可以在一定调节下释放芯材物质，制成特殊功能制品。

胶囊相变材料（Encapsulated Phase Change Materials，EPCM）是芯材中包含相变材料的微小容器，胶囊化技术实现了相变材料的永久固态化，使得 EPCM 的使用、存储和运输更方便。一般胶囊材料按照粒径的不同可以分为纳胶囊相变材料（Nanoencapsulated Phase Change Materials，NPCM）、微胶囊相变材料（Microencapsulated Phase Change Materials，MPCM）和大胶囊相变材料（Macroencapsulated Phase Change Materials，MPCM）。粒径小于 1μm 的称为纳胶囊，粒径在 1~1000μm 的称为微胶囊，粒径大于 1mm 的称为大胶囊。

2002 年，Cho 等人将正十八烷和环己烷及 TDI 溶液加入 NP-10 的水溶液中，搅拌形成 O/W 型乳液。之后，加入二乙基三胺（DETA）引发界面聚合反应，得到聚脲囊壁的 MPCM，如图 8.1 所示[1]。

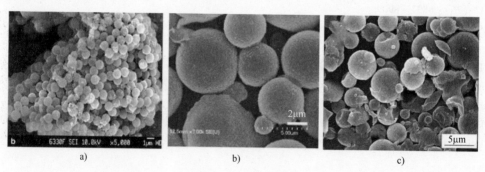

图 8.1 SEM 照片

a）DETA 包裹正十八烷微胶囊材料 b）SiO₂ 包裹正十八烷胶囊材料 c）SiO₂ 包裹硬脂酸正丁酯胶囊材料

Zou 等人[2]将 PEG 基辛基醚（OP）的水溶液制成无机相，正十六烷、环己烷和 TDI 混合均匀制成有机相，形成 O/W 乳液。搅拌后，分别加入乙二胺（EDA）、1,6-已二胺（HDA）启动界面聚合反应。继续反应 120min，得到正十六烷胶囊，粒径为 1.1~11μm。Lan 等人[3]将 OP 的水溶液制成无机相，正二十烷、环己烷和 TDI 混合均匀制成有机相，形成 O/W 乳液。之后，加入二乙基三胺（DETA）引发界面聚合反应，得到正二十烷微胶囊。

　　2007 年 Miao 等人利用微乳液合成球状 SiO$_2$ 包裹正十八烷的相变材料，样品颗粒属微米量级，胶囊材料的相变温度为 30℃，略高于正十八烷的熔点 28℃，相变潜热为 162J/g[4]。同一年，该小组又利用溶胶凝胶方法制备出 SiO$_2$ 包裹硬脂酸正丁酯（BS）胶囊材料，其平均粒径约为 5.2μm，相变前后焓值变化约为 86J/g，而未胶囊化的 BS 相变潜热为 132J/g[5]。仍然是同一年，该小组再次利用微乳液的方法制备 SiO$_2$ 包覆的石蜡微胶囊。其中石蜡熔点为 29℃，潜热 142J/g；包裹后的胶囊材料熔点为 30℃，潜热 95J/g。其中表面活性剂选用 CTAB，并利用高速分散器完成乳化过程。

　　2010 年 Destribats 等人在 Langmuir 上发表文章，总结了石蜡 42 - 44、石蜡 46 - 48、正二十烷、正十八烷 4 种相变材料，分别被 SiO$_2$ 包覆成为微胶囊材料。合成过程采用 Pickering 乳液聚合法，高温乳化，室温水解，并利用 Si 纳米颗粒为前驱体，即在乳化阶段就在石蜡表面沉积 Si 纳米颗粒，起到模板作用。文中详细介绍了微胶囊颗粒的形貌随温度的变化，当温度升高至高于 PCM 的熔点时，芯材膨胀，胀破 SiO$_2$ 囊壁而流出[6]。

　　2011 年，王冕等人利用反相 Pickering 乳液的方法，制备了 pH 值敏感的聚 α - 甲基丙酸/SiO$_2$ 复合微胶囊，如图 8.2 所示。Pickering 乳液是指用固体颗粒代替表面活性剂来稳定的乳液。文中制备采用 α - 甲基丙酸的水溶液为水相，液体石蜡为油相。胶囊平均粒径约为 10μm，囊壁由 SiO$_2$ 颗粒层和聚合物层两部分组成[7]。同年，吴晓琳等人利用工业石蜡合成 PMMA - SiO$_2$@PCM 胶囊材料，平均尺寸在 200nm 左右，除传统 DSC 给出相变温度和相变潜热外，还利用近红外光谱分析相变过程中微胶囊的微结构变化信息，给出石蜡融化过程就是 - CH$_2$ - 对称伸缩振动逐渐增强和非对称伸缩无规则振动共存的变化过程[8]。

　　2012 年 Li 等人报道溶胶 - 凝胶法制备 paraffin/SiO$_2$ 和 paraffin/SiO$_2$/EG 复合定型相变材料，文中介绍了石蜡是分散于硅凝胶之中的，两者结合并无化学反应发生，同时，膨胀石墨的引入大大提高了相变材料的热导率，比单纯石蜡材料的热导率高出 94.7%[9]。长春应用化学研究所的刘先之等人采用复乳液交联法制备壳聚糖包埋石蜡的微胶囊材料。此方法中采用的壳聚糖含有疏水的聚合物主链和大量亲水的氨基，可以起到一定表面活性剂的作用，因此在制备初乳液时不需额外添加表面活性剂。外油相采用和相变材料结构相似的液体石蜡。壳聚糖的氨基与戊二醛的醛基之间发生交联反应，形成的网络结构也能有效地将相变石蜡包裹其中。文中报道合成的胶囊为球形，粒径为 150～200μm，且分布较宽，但并不妨碍其实际应用[10]。

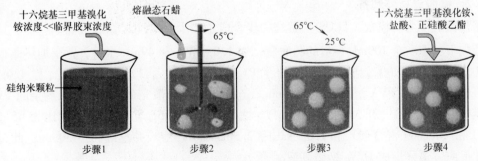

图 8.2　Pickering 乳液聚合法合成 SiO$_2$ 包裹石蜡胶囊材料示意图

　　金属元素的引入可以提高传统有机相变材料的热学性能，主要影响其热传导效率。2006

年 Kim 等人在 The Journal of Physical Chemistry 杂志上报道 SiO₂ 表面合成 Cu 纳米颗粒，并对复合物的抗病毒性进行了研究对比。文中通过金属盐溶液在催化剂的作用下在 SiO₂ 表面原位组装金属纳米颗粒，形成的颗粒均匀分散[11]。2007 年该小组又在 The Journal of Physical Chemistry 杂志上报道了 SiO₂ 表面沉积 Ag 纳米颗粒，方法与 Cu 颗粒相同，也对其抗病毒性进行了研究[12]。Song 等人也于 2007 年在 Polymer 杂志上报道了一种金属纳米颗粒修饰的胶囊材料，该材料以氨基塑料为囊壁，溴-十六烷为芯材，并在表面涂敷了纳米银颗粒。文中对修饰前后的胶囊颗粒在 130℃ 进行热处理，TG 结果表明金属纳米颗粒修饰后的胶囊材料具有更好的热稳定性，这一结论同时也通过 SEM 观察煅烧后的胶囊表面形貌得到证实[13]。2009 年 Kim 等人对 Ag - SiO₂ 体系进行了高温研究，发现在高温时附着 SiO₂ 表面的 Ag 纳米颗粒的热学性能与块体 Ag 材料相似。文中指出，在温度达到 673K 以上时，Ag 纳米颗粒会发生聚集长大，进而影响复合材料的抗病毒性能[14]。2010 年 Wu 等人在 Energy & Fuels 杂志上报道了 Cu/Paraffin 流体的熔化结晶性能，其中 Cu 纳米颗粒的引入主要改变石蜡作为相变材料的热导率，大大提高了其应用价值。同时，Wu 利用 FT - IR 测试出 Cu 及石蜡之间属于物理相互作用，未有化学键形成[15]。

本章介绍正二十烷@SiO₂ 微胶囊定形相变材料。使用微乳液作为软模板，一步水解合成 SiO₂ 包裹正二十烷的微胶囊材料。将合成好的正二十烷@SiO₂ 微胶囊中添加少量的石墨烯（rGO），探讨 rGO 对微胶囊材料热导率的影响。在微胶囊材料合成的过程中添加 rGO，探讨 rGO 对微胶囊材料形成过程的影响。

8.2 正二十烷@SiO₂ 微胶囊材料的合成及微纳结构表征

8.2.1 实验部分

8.2.1.1 原料

正二十烷（n - eicosane）：购自北京百灵威化学试剂有限公司；正硅酸乙酯（TEOS）：购自北京化学试剂公司；聚乙烯醇（PVA）、丝盘巴林（Span80）、吐温巴林（Tween80）、无水乙醚（AR）和无水乙醇（AR）：购自北京化工厂。实验用水均为去离子水。

8.2.1.2 微胶囊材料制备

采用微乳液为软模板，TEOS 水解法一步合成正二十烷@SiO₂ 微胶囊材料[4,5]。具体合成过程如下：取一个 100mL 容量的圆底瓶，加 1.0g PVA 和 49mL 水后，置于加热面板上的水浴中缓慢加热至 90℃，期间不停搅拌至 PVA 完全溶解。再取一个锥形瓶，称 4.0g 正二十烷，加入 20% 的 PVA 溶液，超声 10min，至正二十烷分散完全后，再加入剩余的 PVA 溶液，继续超声 20min（开 5min，关 5min）。之后，加入 1.5g 乳化剂（质量比为 45:55 的 Span80 和 Tween80 混合剂）和 1.0g NaCl（2.5mol/mL）溶液并继续超声 30min，此过程发生乳化反应，最终形成 O/W 型微乳液。

超声结束后，将混合液移入三口烧瓶中，置于 55℃ 水浴中加热搅拌。同时极其缓慢地添加 7.5g TEOS 和 0.4g 醋酸溶液（0.5g/mL）继续搅拌，15h 后水解缩聚反应结束，将反应产物离心，取上层沉淀水洗 3 次，干燥后再水洗 3 次，再次干燥后成白色粉末，样品标记为正二十烷@SiO_2，收集装瓶以备后续测试。取一部分正二十烷@SiO_2 用乙醚试剂清洗 3 次，将样品中的正二十烷全部清洗干净，剩余应为纯 SiO_2 壳层材料，干燥后收集，样品标记为 SiO_2 以备后续测试。

8.2.1.3　微胶囊材料的表征

差示扫描量热（DSC）：采用 Q100 型 DSC 仪（美国 Thermal Analysis 公司）测定样品的相变温度和相变焓。样品在氮气气氛中以 10℃/min 的速率在 0 ~ 60℃之间加热和冷却。

热重分析（TGA）：样品的热稳定性在 Q600 型 SDT TGA 仪（美国 Thermal Analysis 公司）上测得。样品置于干燥的氮气气氛下，以 10℃/min 的速率由室温升至 500℃。

透射电子显微镜（TEM）：使用仪器为 JEM – 200CX 型 TEM（日本 JEOL 公司）。将样品分散在乙醇中，滴于铜网晾干，用于测试。选择加速电压 200kV。

扫描电子显微镜（SEM）：采用 S4800 型扫描电镜（日本电子公司）观察样品的组织形貌。将样品分散在乙醇中，滴于干净硅片后晾干，用于测试。选择加速电压 10kV。

N_2 吸附（BET）测定比表面积：采用 COULTER SA3100 型比表面 & 孔尺寸分析仪（美国 Coulter 公司）测定样品的 BET 比表面积、总的孔体积和平均孔径。N_2 为吸附质分子，样品首先在 200℃下脱气 2h，脱气后再将样品置于分析站上进行液氮温度下的 BET。

X 射线衍射（XRD）：样品的 XRD 谱图在 DMAX 2400 型 Rigaku 衍射仪（日本理学）上采集，铜 Kα 靶，镍滤光，入射波长为 0.154nm，扫描速度为 4°/min，扫描范围（2θ）为 5° ~ 60°。

小角 X 射线散射（SAXS）：实验在北京同步辐射（BSRF）的 1W2A 束线完成，存储环的电子能量为 2.5GeV，电流约为 200mA。入射波长为 0.154nm，探测器采用 Mar165CCD，样品到探测器的距离约为 1650mm，覆盖散射矢量的探测范围为 0.1 ~ 3.1nm^{-1}。选择透射模式，将样品用 3M 胶带封于样品池中间。

8.2.2　正二十烷@SiO_2 微胶囊材料的形貌及热学性能

图 8.3 所示为正二十烷@SiO_2 微胶囊材料的 SEM 和 TEM 照片。图 8.3a 所示是样品的 SEM 照片，可以看出，微乳液的模板法可以得到尺寸均一的球状胶囊颗粒，直径为 5 ~ 8μm。由于软模板的作用，所得到的胶囊球并不像硬模板法得到的那样圆润。图 8.3b 所示是其中一个胶囊颗粒的放大 SEM 照片，可以看出球的表面并不是光滑的，而是呈粗糙的颗粒状。这些颗粒有可能是附着在表面没有清洗干净的残留正二十烷，也可能是 SiO_2 壳层在自组装过程中形成的特殊结构，需要进一步的表征才能确定。图 8.3c 所示是一个破碎的胶囊表面的放大图，可以看出，微胶囊壁是由很多小颗粒聚集而成的，这些小颗粒的尺寸约为 100nm。为了提高分辨率，对上述几个样品分别进行了 TEM 观察，图 8.3d 所示是其中一个胶囊颗粒的 TEM 照片，可以看出球状颗粒的内部和壳层属于不同的衬度，即颗粒内部和壳层属于不同的材料。也可以说，TEOS 的水解缩聚反应形成了 SiO_2 的空心球，包裹着乳化阶段形成的 O/W 型胶束。同时，也可以更加清晰地看出，每个胶囊颗粒的外表面都是不光滑的，有很多小颗粒附着在表面上，具体的结构信息需要进一步确定。

图 8.3e 所示是图 8.3c 的 TEM 观察影像图，可以看出构成壳层的小颗粒（平均尺寸约为 100nm）仍然不是光滑致密的球状结构，而是多孔疏松的，将其中一个颗粒继续放大，如图 8.3f 所示，可以证实 100nm 的小颗粒具有疏松多孔的结构，而孔的尺寸范围为 10 ~ 15nm。

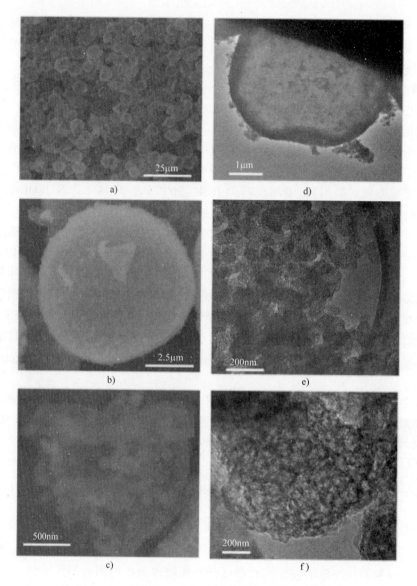

图 8.3　正二十烷@SiO₂ 微胶囊材料的 SEM 和 TEM 照片

图 8.4 所示为正二十烷@SiO₂ 微胶囊材料的 TGA 和 DSC 曲线。图 8.4a 中实线、点画线和虚线分别代表正二十烷、正二十烷@SiO₂ 微胶囊材料和 SiO₂ 壳层材料的受热分解曲线。起始分解温度以最初 5%（质量分数）的失重温度为标准，从图 8.4 中可以看出，正二十烷的起始分解温度为 151℃，而正二十烷@SiO₂ 微胶囊材料则为 174℃，说明经过胶囊化处理，相变材料具有更高的热稳定性。由最大的失重量计算，正二十烷@SiO₂ 中正二十烷部分的失重为 22%（质量分数）。而 SiO₂ 在 150℃开始也逐渐有失重趋势，至 500℃时，总失重达 15%（质量分数），这一部分失重主要是由表面活性剂的缓慢分解和样品中羟基的受热缩聚导致的。

图 8.4b 中实线和点画线分别代表正二十烷和正二十烷@SiO₂ 微胶囊材料的首次热循环曲线，圆圈则代表正二十烷@SiO₂ 微胶囊材料的第 15 个热循环曲线。利用仪器自带软件对

吸热峰进行计算得出正二十烷的焓值为 232.6J/g，熔点为 37℃；而正二十烷@SiO₂ 的熔点为 28.8℃，比块体的正二十烷下降了 8.2℃。熔点的降低说明微胶囊材料中的正二十烷受到了 SiO₂ 介孔的限域作用，另一方面，微胶囊材料的焓值也有明显的降低，仅为 28.5J/g。胶囊材料的这些特殊热学性质经过 15 个循环依然得到保持，说明胶囊材料具有良好的热稳定性和热循环性。

对于 SiO₂ 样品，在 0 ~60℃没有任何吸放热峰出现，说明乙醚处理过的样品里没有正二十烷成分。从微胶囊材料的低焓值也可以看出，正二十烷并不是存在图 8.3a 所示的微胶囊颗粒中，而是很少量的困在图 8.3d 所示的纳米孔道中，由于孔道的限域作用，导致了其熔点的大幅降低。由于正二十烷@SiO₂ 样品进行了两次清洗干燥的过程，而外层的 SiO₂ 壳层又是疏松多孔的结构，在表面活性剂的作用下，微胶囊颗粒中的正二十烷很容易被清洗出来。相比之下，纳米孔道中的正二十烷不易流失，使得复合材料表现出奇特的热学性质。

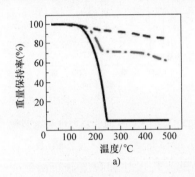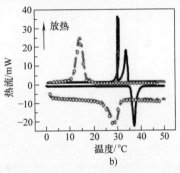

图 8.4　正二十烷@SiO₂ 微胶囊材料的 TGA 和 DSC 曲线

8.2.3　正二十烷@SiO₂ 微胶囊材料的微纳结构

为了更好地探究正二十烷@SiO₂ 微胶囊的结构，进一步解释复合材料熔点降低的原因，分别对正二十烷、正二十烷@SiO₂ 和 SiO₂ 进行了 XRD 测试，如图 8.5 所示。可以看出，正二十烷表现出完美的结晶性，而正二十烷@SiO₂ 和 SiO₂ 只有一个很宽的非晶峰。说明复合材料中正二十烷的长程有序被破坏，原子没有形成三维有序的周期排列。这和 DSC 的结果自洽，从 DSC 曲线上也可以看出，在降温过程正二十烷表现出两个放热峰，其中一个非常尖锐，对应结晶过程；而正二十烷@SiO₂ 微胶囊材料只有一个放热峰，并且相对较宽，说明降温时正二十烷只有凝固没有结晶的过程。同时，XRD 的结果也可以进一步证实微胶囊材料中正二十烷受到 SiO₂ 的纳米孔道限域作用。

为得到胶囊材料中的纳米结构，利用先进的同步辐射 SAXS 技术对正二十烷、正二十烷@SiO₂ 和 SiO₂ 进行了测试，如图 8.6 所示。二维 SAXS

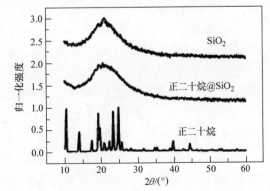

图 8.5　正二十烷、正二十烷@SiO₂ 和 SiO₂ 的 XRD 曲线

图像首先经过软件 Fit2D 转换为一维的散射曲线，由于样品是各向同性的粉末，可以沿任意方向抽取散射曲线，但是为了保证数据的可比性，所有散射曲线都取相同的投影方向。其次，散射曲线要经过探测器校正、归一化和背底扣除的处理过程才具有可比性。背底扣除公式如下[16]：

$$I(q) = \frac{I_s(q)}{K_s} - \beta \frac{I_b(q)}{K_b} \tag{8.1}$$

式中，$I_s(q)$ 和 $I_b(q)$ 分别为样品和背底的散射强度；K_s 和 K_b 分别是样品和背底的后电离室计数；β 是样品中所用背底材料的份额，这里背底材料主要是封装样品用的 3M 胶带纸，因此背底和样品中的背底是完全一样的，取 $\beta = 1$。

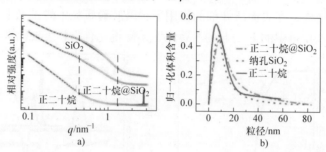

图 8.6   正二十烷、正二十烷@ SiO₂ 和 SiO₂ 的 SAXS 曲线和粒度分布函数

a) 正二十烷、正二十烷@ SiO₂ 和 SiO₂ 的 SAXS 曲线   b) 粒度分布函数

对散射曲线进行 TBT 算法处理，得到样品的平均尺寸和粒度分布函数[17]。众所周知，对于任何形状的颗粒体系来说，Guinier 近似散射强度的表达式为

$$I(q) = I_e \int_0^\infty N(R_g)\rho^2 V^2 F(R_g,q)\mathrm{d}R_g \tag{8.2}$$

式中，$I(q)$ 为散射矢量 q 处的散射强度；R_g 是散射粒子的回转半径；$N(R_g)$ 是回转半径为 R_g 的粒子数分布；V 是这些粒子所占体积，这里 $V \propto R_g^3$；ρ 是回转半径为 R_g 的粒子的电子密度，$\rho V = n$，n 是具有 R_g 回转半径的有效粒子数；I_e 为单电子散射强度；$F(R_g, q)$ 是回转半径为 R_g 粒子的形状函数，根据 Guinier 近似 $F(R_g, q)$ 的表达式如下：

$$F(R_g,q) = \exp(-q^2 R_g^2/3) \tag{8.3}$$

如果把样品中的粒度分成 i 个尺寸级别，假设样品中含有 i 个尺寸不同但形状相同的粒子，则式（8.2）可以离散成：

$$I(q) = I_e N_1 n_1^2 e^{-q^2 R_1^2/3} + I_e N_2 n_2^2 e^{-q^2 R_2^2/3} + \cdots + I_e N_i n_i^2 e^{-q^2 R_i^2/3} \tag{8.4}$$

式中，N_i 表示第 i 种级别的粒子数；n_i 表示第 i 种级别的单个粒子中的电子数；R_i 为第 i 种级别粒子的回转半径；I_e 为单个电子的散射强度。

由式（8.4）可以看出，当 $q = 0$ 时，散射强度表达为

$$I(0) = I_e N_1 n_1^2 + I_e N_2 n_2^2 + \cdots + I_e N_i n_i^2 \tag{8.5}$$

如果将 $I_e N_i n_i^2$ 记为 K_i，则 $I(0) = K_1 + K_2 + \cdots + K_i$，而

$$K_i = I_e N_i n_i^2 = I_e N_i (V_i \rho)^2 = I_e N_i V_i V_i \rho^2 = I_e W_i V_i \rho^2 = I_e W_i P_1 R_i^3 \rho^2 \tag{8.6}$$

这里 P_1 为一常数，表示粒子体积与半径立方的比例关系，假设各个粒子形状相同，则不同级别的粒子 P_1 值相同。W_i 为第 i 种粒子的总体积，即 $W_i = N_i V_i$。

由式（8.6）可得到：

$$W_1 : W_2 : \cdots : W_i = \frac{K_1}{R_1^3} : \frac{K_2}{R_2^3} : \cdots : \frac{K_i}{R_i^3} \tag{8.7}$$

归一化之后，W_i 可以用来表示第 i 种尺寸粒子的体积分数。

对散射曲线进行 TBT 算法处理，得到样品的平均尺寸和粒度分布函数。具体做法如下：首先做出曲线，先在散射曲线的大角部分作切线，和纵轴相交于 K_1 位置，即 $K_1 = I_e W_1 P_1 R_1^3 \rho^2$。然后将原曲线的各点强度值减去切线所对应点的强度值，得到另一条曲线，再从这条新曲线的高角部分作切线，重复上述步骤。这样连续做下去得到 i 条切线，i 个 K 值，由每条切线的斜率值再利用 Guinier 近似，即可以得到每条切线所代表的粒子回转半径值，由截距 K 值经过归一化之后可以得到该级别粒子的体积分数。

对于正二十烷@SiO₂ 微胶囊体系，可以看出在低角区域，样品存在很强的散射信号，这说明样品中存在明显的纳米量级的电子密度起伏。应用 TBT 算法计算得到的粒子尺寸分布如图 8.6b 所示，正二十烷、正二十烷@SiO₂ 和 SiO₂ 的平均尺寸分别为 9.6nm、10.0nm 和 7.6nm。另外由图 8.6a 所示的实验曲线和计算曲线的符合程度可以看出，计算结果可信。对于正二十烷，在 $q = 2.8\mathrm{nm}^{-1}$ 的位置有一个明显的衍射峰，说明正二十烷具有短程有序性，而包裹过程破坏了正二十烷本身的有序性，这和前面 XRD 和 DSC 的结果相符合。

众所周知，小角散射的强度和散射矢量在高角的地方满足指数关系，即著名的 Porod 定理：

$$I(q) \propto q^{-D} \tag{8.8}$$

指数 D 对应着样品中的分形结构，若 $D=4$ 则表示胶体样品颗粒具有光滑的表面；若 $D=3$ 则表示颗粒表面粗糙，而 $D=1.9 \sim 2.5$ 时表明样品中存在枝状三维网络结构。一般情况下，当 $3 < D < 4$ 时，样品内部存在表面分形结构，对应文献中报道的"粗糙表面"；当 $D < 3$ 时，则对应样品内部具有质量分形或孔分形，意味着样品不是坚实的三维结构，而是疏松多孔的。图 8.6a 中两条平行虚线划定了 Porod 区间，经计算 SiO₂ 样品的 $D=4$，代表 SiO₂ 的孔道具有光滑的表面；而正二十烷@SiO₂ 样品 $D=2.9$，表示正二十烷在微胶囊内存在质量分形结构，且分形维数 $D_s = 5 - D = 2.1$；对于块体正二十烷材料，不存在分形结构。因此，SAXS 结果从另一个侧面证实，在正二十烷@SiO₂ 胶囊形成过程中，将一部分正二十烷分子困在了 SiO₂ 的纳米孔道里，而由于限域作用，正二十烷分子没有形成长程和短程有序的结构，而是以枝状质量分形的状态存于 SiO₂ 的多级纳米孔道中，同时在热学性质上表现出熔点的大幅降低。

为进一步证实 SiO₂ 具有多级孔结构，对正二十烷@SiO₂ 和 SiO₂ 两个样品进行了氮气吸脱附的测量，结果如图 8.7 所示。

由上述可知，两个样品的吸脱附曲线在 $P/P_0 = 0.45 \sim 1.0$ 出现 IV 型滞回环，表示两个样品都存在介孔结构。但是很明显，正二十烷@SiO₂ 的总吸附量要小很多，说明胶囊材料中正二十烷是填充在 SiO₂ 的多级孔里，才会导致比表面积的降低。对 SiO₂ 样品的吸附支进行孔径的计算，这里采用的是 BJH 模型近似，计算出的孔径分布如图 8.7b 中插图所示，$dV(\log d)$ 的极值对应孔径位置在 15nm 左右，和 SAXS 计算的平均孔径近似，同时也符合 TEM 的观察结果。

由以上各种表征的结果可知，在 TEOS 的水解缩聚过程中，由于多组分的相互作用，正二十烷被包裹在 SiO₂ 的多级纳米孔中。原本 TEOS 水解缩聚得到的 SiO₂ 具有亲水基团，比

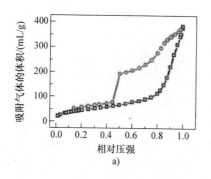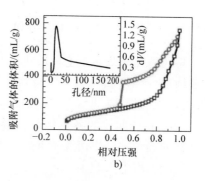

图 8.7　正二十烷@ SiO₂ 和 SiO₂ 的氮气吸脱附曲线

a）正二十烷@ SiO₂　b）SiO₂

如悬挂表面的羟基，然而在表面活性剂的作用下，将其表面修饰成疏水性质，因此更容易实现油相正二十烷的原位包覆。整个微胶囊化的过程可以分为两步（见图 8.8）：首先，在表面活性剂的作用下，TEOS 水解缩聚成 SiO₂ 的一次颗粒，尺寸约为 100nm，并且由于表面活性剂的长链中存在亲水基团，与 Si 原子发生相互作用，使得 SiO₂ 水解时形成疏松的多孔结构，同时也将一部分正二十烷分子困在纳米孔道中，并表现出具有质量分形的非晶结构；第二步，这些 100nm 左右的 SiO₂ 一次颗粒在表面活性剂的作用下相互团聚，形成了微米量级的 SiO₂ 球壳，并将大量的正二十烷包裹在球中，但是由于 SiO₂ 球壳的疏松本质，在彻底清洗时，微米球中的正二十烷被清洗出来，残留在微胶囊中的 PCM 只有最初困在 SiO₂ 一次颗粒中的少量正二十烷分子，这些受到纳米孔道限域作用的正二十烷在受热时出现熔点的大幅降低。

如前所述，当颗粒的尺寸小到一定程度，一般在纳米量级时，由于比表面积的急剧增大，材料的熔点会比块体材料要低很多，这就是著名的尺寸效应。受限体系有机 PCM 的熔点降低可以用经典的 Gibbs – Thomson 热动力方程来解释：

$$\Delta T_m = T_m - T_m(d) = \frac{4\nu_{sl} T_m}{d \Delta H_{nE} \rho_{nE}} \tag{8.9}$$

式中，ν_{sl} 为正二十烷的固 – 液界面的表面自由能；T_m 为块体正二十烷的熔点；$T_m(d)$ 为直径尺寸为 d 的正二十烷颗粒熔点；ΔH_{nE} 为块体正二十烷的熔化焓；ρ_{nE} 为正二十烷的密度。

由式（8.9）很容易看出，颗粒的尺寸 d 越小，熔点的降低值 ΔT_m 就越大。由之前各种表征手段（TEM、SAXS、BET 孔径测试等）得到的孔直径约为 10nm，因此这部分孔内的正二十烷的熔点降低约为 10℃，和 DSC 的测量结果基本一致。

另外值得注意的是，胶囊材料的焓值大幅度降低，按照 TG 的失重结果，将复合物中正二十烷的质量分数按 22wt% 进行归一化处理，得到的正二十烷焓值为 129.5J/g，仅占块体正二十烷焓值的 55.6%。这是由于受限的正二十烷分子没有结晶，在熔化过程中分子的运动受阻，没有晶体结构的变化，热学上表现为对焓值没有贡献。因此，用这种原位合成的方法得到的 SiO₂ 纳米孔结构可以实现对 PCM 的限制功能，使得 PCM 分子受限，阻止其结晶，改变了 PCM 与多孔基体之间的相互作用，在热学形式上表现为复合物熔点和焓值的大幅降低。

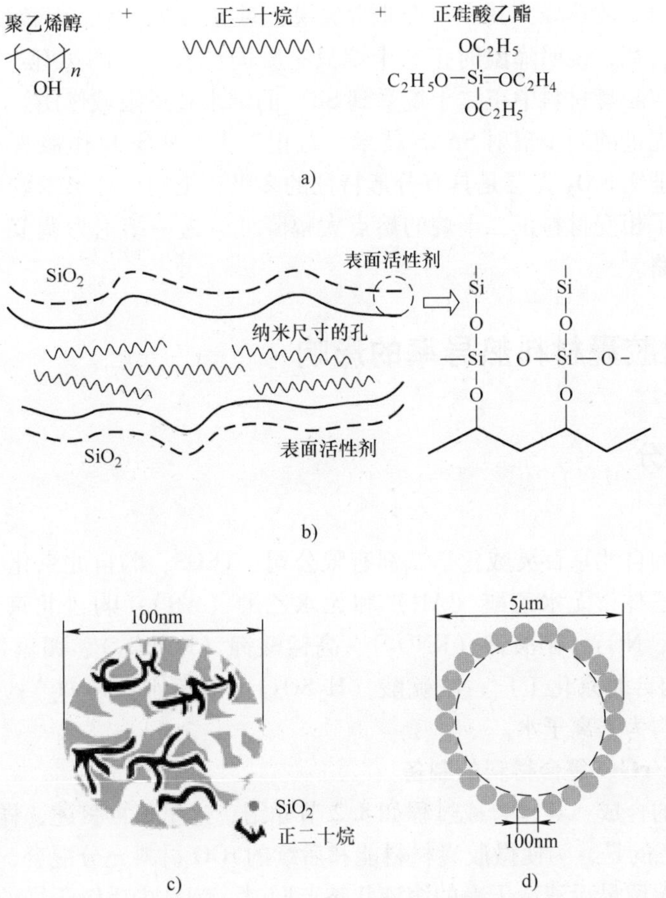

图 8.8　正二十烷@ SiO$_2$ 微胶囊材料的形成示意图

8.2.4　本节小结

本节利用微乳液作为软模板，一步水解合成了正二十烷@ SiO$_2$ 的微胶囊材料，平均尺寸为 5 ~ 8 μm。

通过多种实验技术，证实水解缩聚过程分为两步：首先 SiO$_2$ 形成了疏松的具有多级孔结构的纳米球，其中孔道尺寸约为 10nm，球的平均尺寸约为 100nm，这时一部分正二十烷已经被限制在纳米孔道中，并且表现出奇特的不同于块材的热学性质；第二步，随着水解缩聚时间的延长，这些纳米球在表面活性剂的作用下自组装成微米尺寸的微胶囊结构。

基于样品的 DSC 吸放热曲线，正二十烷的相变温度由 37℃下降到 28.8℃，这是所有同类胶囊材料的文献中都没有报道过的结论。同时，由于相变熔值也降低很多，可以排除正二十烷包裹在微米球中的可能性。同时，BET 的测试结果也表明，SiO$_2$ 壳层中存在多级孔的结构，而正二十烷@ SiO$_2$ 样品的吸附量明显比 SiO$_2$ 的要小很多，说明正二十烷分子大部分存在于 SiO$_2$ 的多级孔中。

由样品的 XRD 测试结果可以看出，复合材料中正二十烷的长程有序被破坏，原子没有形成三维有序的周期排列。这和 DSC 的结果自洽，从 DSC 曲线上也可以看出，在降温过程正二十烷表现出两个放热峰，其中一个非常尖锐，对应结晶过程；而微胶囊材料只有一个放热峰，并且相对较宽，说明降温时正二十烷只有凝固没有结晶的过程。同时，XRD 的结果也可以进一步证实胶囊材料中正二十烷受到 SiO_2 的纳米孔道限域作用。

另外，采用先进的同步辐射 SAXS 技术，对正二十烷@SiO_2 微胶囊和 SiO_2 壳层分别进行了结构表征，证实 SiO_2 壳层是具有分形特征的多级孔结构，分形维数为 2.1，纳米孔的分形限域作用导致了相变材料正二十烷的熔点大幅降低。这一结论为调节 PCM 的相变温度提供了更广阔的思路。

8.3　rGO 对胶囊材料热导率的影响

8.3.1　实验部分

8.3.1.1　原料

正二十烷：购自北京百灵威化学试剂有限公司；TEOS：购自北京化学试剂公司；PVA、丝盘巴林、吐温巴林、无水乙醚（AR）和无水乙醇（AR）：购自北京化工厂；天然石墨（Natural Graphite，NG）、硝酸钾（KNO_3）、高锰酸钾（$KMnO_4$）、硼氢化钠（$NaBH_4$）、氯化钠（NaCl）：购自北京化工厂；浓硫酸（H_2SO_4）、双氧水（H_2O_2）：购自北京化学试剂公司。实验用水均为去离子水。

8.3.1.2　微胶囊/rGO 复合材料的制备

微胶囊材料的合成：具体合成过程如 8.2 节介绍，这里不再赘述，样品标记为正二十烷@SiO_2。值得注意的是，为使微胶囊材料能和后续的 rGO 材料充分混合，制成的样品不经过干燥过程，只需保留最后清洗干净的溶液状态。同时，为减少后续干燥的时间，最后清洗阶段采用无水乙醇作为溶剂。为保证定量计算的可靠性，分别取 3 次 10mL 的溶液利用溶剂蒸干的方法进行浓度标定。

石墨烯氧化物（Graphite Oxide，GO）的合成：采用经典的 Hummers 合成法[18]，具体如下：首先取 1000mL 的大烧杯，加入 50mL H_2SO_4 并置于冰浴中，当温度降至 10℃以下时依次加入 5g KNO_3、2 g 石墨、15g $KMnO_4$，整个过程都要保持体系温度在 10℃以下。持续搅拌 30min 完成所有溶解过程，之后将整个系统室温放置 20h，至此完成预氧化后按顺序加入 7g KNO_3 和 20g $KMnO_4$，搅拌 30min 至完全溶解，此过程仍保持体系温度在 10℃以下。之后立即将烧杯放到 37～38℃的水浴中静置 40～60min，然后将 200mL 去离子水逐滴加入并防止体系发生爆沸现象。然后将烧杯取出并迅速加热到 98℃并维持 15min，最后室温放置，至温度降低到 70℃时缓慢加入 30mL H_2O_2，最终得到明黄色液体。采用透析的方法去除过量的酸和盐类杂质，得到 GO 的水溶液，标记为 GO。

还原石墨烯氧化物（Reduced Graphite Oxide，rGO）的合成：为了对比效果，这里介绍两种还原方法[19]：①高温还原法：取适量 GO 水溶液在 0.2μm 的微孔滤膜（北京市化工学校附属工厂制）过滤，并将滤纸上的固体用去离子水反复冲洗并干燥，然后将产物放置于石英舟中，管式炉通氩气，以 5℃/min 的升温速率焙烧至 300℃并保温 5h，得到黑色固体即 rGO 片层结构，标记为 rGO - HT；②$NaBH_4$ 还原法：采用溶剂蒸干的方法标定 GO 水溶液的浓度为 6.73mg/mL，取 11.2mL GO 溶液加入 64mL 水，另取一个小烧杯加 15mL 水溶解 0.657g NaBH$_4$ 后将其加入 GO 水溶液，并将烧瓶置于 80℃ 水浴中开始进行还原反应，搅拌过程中溶液颜色很快变深并出现黑色沉淀，60min 后还原反应完成，将溶液离心清洗，最后干燥成黑色片状固体，即 rGO，样品标记为 rGO – NaBH$_4$。

微胶囊/rGO 复合材料的合成：分别取适量的 rGO – HT 和 rGO – NaBH$_4$，加入一定量的乙醇分散均匀，之后再加入一定量的正二十烷@ SiO$_2$ 微胶囊溶液，制成固定比例的复合样品，其中 rGO 的质量分数见表 8.1。最后将样品干燥并进行标记，同样见表 8.1。

表 8.1　正二十烷@ SiO$_2$ 与 rGO 复合相变体系质量分数及样品名标记

样品名	rGO – HT 质量分数（%）	rGO – NaBH$_4$ 质量分数（%）
正二十烷@ SiO$_2$	0	0
S – rGO – HT – 1	1	0
S – rGO – HT – 2	3	0
S – rGO – NaBH$_4$ – 1	0	1
S – rGO – NaBH$_4$ – 2	0	3

8.3.1.3　微胶囊/rGO 复合材料的性质测试

红外光谱（FT – IR）：采用 VECTOR22 型红外光谱仪（德国 Bruker 公司）测定样品的红外吸收光谱。单样扫描次数为 60，扫描范围为 400 ~ 4000cm^{-1}，分辨率为 4cm^{-1}。将极少量的样品与溴化钾（约 1∶100 的比例）混合磨匀，制成小压片。

DSC：同 8.2.1.3 节。

TGA：同 8.2.1.3 节。

TEM：同 8.2.1.3 节。

SEM：同 8.2.1.3 节。

原子力显微镜（AFM）：使用仪器为 SPI3800/SPA400 型（日本精工公司）扫描探针显微镜，采用接触扫描模式，水平分辨率为 0.1nm，纵向分辨率为 0.01nm。取适量 rGO 样品分散于乙醇中，采用旋涂的方式涂于干净硅片上用于 AFM 测试。

光电子能谱（XPS）：使用英国 Kratos Analytical 公司的 AXIS – Ultra 型多功能成像 XPS 仪，表面分析深度小于 10nm，能量分辨率为 0.48eV。

热导率（TC）测量：使用仪器为西安夏溪电子科技有限公司生产的 Xiatech 热导率测量仪，采用热线法直接得到热导率。将样品压成紧实的薄片（> 1mm），将测量线夹在两片样品中间，为保证充分接触，样品上放置一个砝码固定。每个样品测量 3 次后取平均值[20]。

8.3.2　微胶囊/rGO 复合材料的形貌及结构表征

如图 8.9a 和 b 所示，微胶囊材料与 8.2 节得到的样品在形貌和尺寸上相差不多，可以观察到明显的球状颗粒，平均尺寸约为 10μm[21]。图 8.9c 和 d 分别为 rGO – NaBH$_4$ 和 rGO – HT 的 TEM 观察结果，可以看出，采用 NaBH$_4$ 还原得到的 rGO 样品并不是理想的片层结构，而是呈细小的碎片（flakes）颗粒状，尺寸在几 nm 之间，但是高温还原得到的 rGO 可以观察到明显的大片层结构，厚度为 3 ~ 5nm，平面尺寸在几百 nm 之间不等。图 8.9e 和 f 分别为 S – rGO – NaBH$_4$ – 2 和 S – rGO – HT – 2 的 SEM 观察结果，可以看出，rGONaBH$_4$ 一般附着在胶囊颗粒的表面，而 rGO – HT 的片层穿插在胶囊颗粒之间，形成互相搭构框架结构。这些结构特征决定了两种方法还原得到的 rGO 对胶囊材料热学性质的影响也是大不相同的，因此更深层次表征两种 rGO 的结构差异是非常必要的。

为了得到 rGO - NaBH₄ 和 rGO - HT 的片层结构信息，本节采用 AFM 对片层表面进行形貌观察，如图 8.10 所示。如前所述，两种还原方法得到的 rGO 的形貌差别更加清晰明显：8.10a 所示为 rGO - NaBH₄ 的 AFM 结果，可以看出还原产物为小颗粒状，厚度扫描没有给出明显的平台，说明产物中不存在平整的片层结构，观察视野里颗粒的尺寸为 2～7nm，并且形状不均一；而图 8.10b 所示为 rGO - HT 的 AFM 观察结果，可以看出，采用高温还原得到的 rGO 样品呈平整的片层结构，但由于还原过程破坏了片层的连续性，形成了很多孔洞，厚度扫描显示片层厚度约为 3.5nm。AFM 的观察结果和前面 SEM 与 TEM 的观察结果一致。

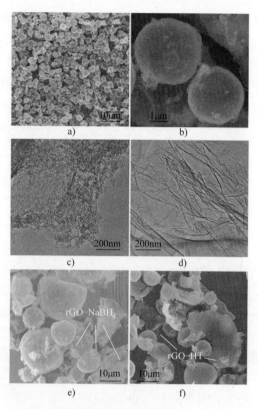

图 8.9 微胶囊材料、rGO 及复合物的电镜照片

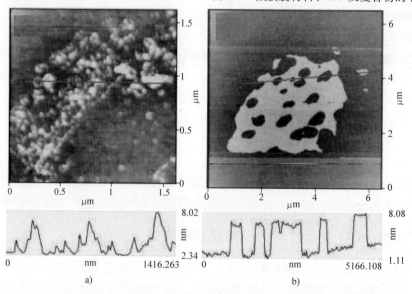

图 8.10 rGO - NaBH₄ 和 rGO - HT 的 AFM 照片及厚度分布

既然两种方法得到的 rGO 在形貌上存在如此大的差异，说明两种方法对 GO 的还原程度也不相同。为了得到 rGO - NaBH₄ 和 rGO - HT 还原程度的信息，本节采用 XPS 对片层表面的还原程度进行了测试，如图 8.11 所示。

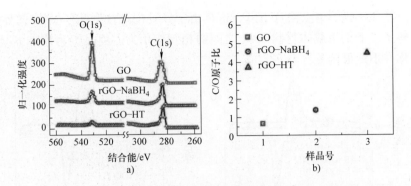

图 8.11 rGO–NaBH₄ 和 rGO–HT 的 XPS 图像以及 C/O 原子比

a）rGO–NaBH₄ 和 rGO–HT 的 XPS 图像 b）C/O 原子比

在图 8.11a 中，为了增强数据的可比性，对 GO、rGO–NaBH₄ 和 rGO–HT 的 C（1s）峰进行了归一化处理，可以看出，3 个样品的 O（1s）峰高逐渐降低，说明 rGO–HT 样品中 O 元素的质量分数最少，即 GO 被还原得比较彻底。C/O 原子比是利用 C（1s）峰和 O（1s）峰的面积比计算得出的，数值如 8.11b 所示，GO、rGO–NaBH₄ 和 rGO–HT 的 C/O 原子比分别为 0.67、1.39 和 4.47。XPS 结果说明 NaBH₄ 确实还原了 GO 中的一部分含 O 基团，比如羟基（hydroxyl）和环氧基团（epoxide），但是由于是在水溶液中进行的还原反应，还原的程度并不是十分理想。同时，利用高温还原的方法，得到的产物里含 O 基团除去得更加彻底。由此也可以推断，rGO–NaBH₄ 和 rGO–HT 两种 rGO 对复合材料热导率的提高效果也必然会有差异。

为了进一步说明 rGO–NaBH₄ 和 rGO–HT 还原程度的差别，FT–IR 的测试可以给出样品内部各个振动基团的信息，如图 8.12 所示。根据已报道的文献，在 3434cm⁻¹ 波数的位置，对应 O–H 键的伸缩振动，这些 O–H 键主要来自样品表面的羟基和吸附的水分子；GO 样品在 1730cm⁻¹ 波数位置有一个小吸收峰，对应 C＝O 双键的振动，这个吸收峰在 rGO 的样品中基本看不到，说明两种还原方法都能有效地去除 GO 中的 C＝O 双键；1076cm⁻¹ 波数位置的吸收峰对应 C–O 单键的伸缩振动，同样在 rGO 的谱图中这个峰很弱，尤其是在高温还原

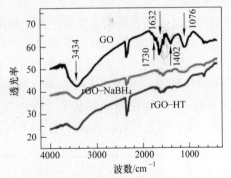

图 8.12 rGO–NaBH₄ 和 rGO–HT 的 FT–IR 谱图

的样品中，说明 rGO–HT 的还原程度更高，这和前面 XPS 的结果也能很好符合。另外，1402cm⁻¹ 波数位置对应 O–H 键的形变，这个吸收峰在 GO 中比较明显，但是在 rGO 的谱图中基本消失，说明还原过程去除了 GO 中的大部分 O–H 键。

至此，两种还原方法得到的 rGO 已经进行了充分的结构表征，包括形貌、表面基团、还原程度都有很大不同。由此推断，复合材料的热学性质也必然会有很大差异。

8.3.3 微胶囊/rGO 复合材料的热学性质

图 8.13 给出的是微胶囊材料以及添加了 rGO 的复合材料的 DSC 曲线，可以看出，随着

rGO 的添加，复合材料的熔点略有下降，这是由于 rGO 的添加影响了 SiO$_2$ 的界面性质，改变了相变材料正二十烷与载体材料 SiO$_2$ 之间的相互作用力。但是因为添加 rGO 的量不大，对熔点的变化并不是很显著。

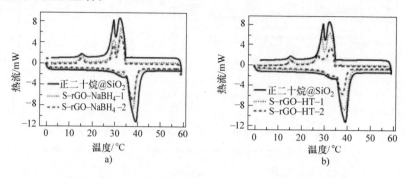

图 8.13　S – rGO – NaBH$_4$ 和 S – rGO – HT 的 DSC 曲线

　　利用仪器自带的数据处理软件，通过 DSC 曲线的计算，得到了胶囊材料和复合材料的熔值随 rGO 质量分数的变化关系，如图 8.14a 所示。可以看出，添加了 rGO 之后，复合样品的熔值都发生了明显的降低。图 8.14b 给出的是复合微胶囊相变材料的热导率测量结果，对比发现，添加 3wt% 的 rGO – NaBH$_4$ 之后（即样品 S – rGO – NaBH$_4$ – 2），胶囊材料的热导率由原来的 0.18W/(m·K) 提高到 0.36W/(m·K)，而同样添加了 3% 的 rGO – HT（即样品 S – rGO – HT – 2）的样品，热导率提高到 0.51W/(m·K)，提高了将近 2 倍。

　　当添加 rGO 的量较少时（1%），对材料的热导率提高也是有效果的，如果添加的是 rGO – NaBH$_4$，则热导率提高 83%，而 rGO – HT 可将热导率提高 139%。这说明 rGO – HT 片层的褶皱表面在搭构互穿网络的过程中起到了关键作用，使得各个片层之间相互连接，利于电子在胶囊表面的传输，即提高了热导率。相比之下，rGO – NaBH$_4$ 呈小颗粒状，不能实现有效的相互接触，影响了传热效果。另一方面，rGO – NaBH$_4$ 对复合材料熔值的影响比 rGO – HT 要低，如图 8.14a 所示，样品 S – rGO – NaBH$_4$ – 1 的熔值仅下降了 6%，而样品 S – rGO – HT – 1 的熔值降低了 15%。因此，总的来说，S – rGO – NaBH$_4$ 样品虽然具有较低的热导率，但是具有较高的熔值。

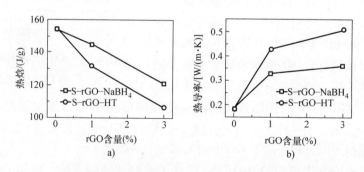

图 8.14　添加 rGO 的复合微胶囊相变材料的熔值及热导率测试结果

　　图 8.15 给出了复合材料的失重曲线随 rGO 添加量的变化结果。从起始分解温度上看，S – rGO – NaBH$_4$ 样品比 S – rGO – HT 系列样品的热稳定性要好。从最大的失重量计算得到，S – rGO – NaBH$_4$ – 1 样品中含正二十烷的量为 77%，而 S – rGO – HT – 1 样品中正二十烷的

质量分数约为 72%，这个结果进一步说明两种方法得到的 rGO 对正二十烷和 SiO₂ 之间的相互作用力的影响程度不同，rGO-HT 的片层结构相互交叠，并且由于还原程度较高，表面的亲水基团大部分都被去除，因此增强了和正二十烷的相互作用，导致正二十烷更容易从 SiO₂ 壳层中流失。

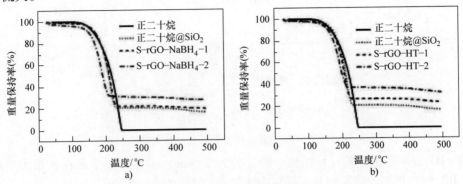

图 8.15　添加 rGO 的复合微胶囊相变材料的 TGA 曲线

根据相关文献的报道，通过失重量和焓值可以得到复合物中 PCM 成分的结晶度信息，计算公式如下：

$$CF = \frac{\Delta H_{comp}}{\Delta H_{nE}\beta_{comp}} \tag{8.10}$$

式中，ΔH_{nE} 是纯正二十烷的焓值；ΔH_{comp} 是复合物的焓值；β_{comp} 是复合物中正二十烷的质量分数，由失重曲线得到。

经计算，S-rGO-NaBH₄ 和 S-rGO-HT 系列样品的结晶度如图 8.16 所示。

由图 8.16 可以看出，S-rGO-HT 系列样品的结晶度普遍比 S-rGO-NaBH₄ 样品的要低，这也说明 rGO-HT 的添加使得胶囊材料中正二十烷和 SiO₂ 之间的相互作用更弱，这和之前 TG 和 DSC 的结果相符合。

综合前面所有表征结果可以看出，高温还原方法得到的 rGO 样品具有更完整的片层结构、更高的还原程度，而片层之间相互搭构的框架结构在微胶囊材料中形成了电子通行的桥梁，更加利于热量的传输。在复合材料中，rGO 与胶囊材料结构的示意如图 8.17 所示。值得一提的是，利用

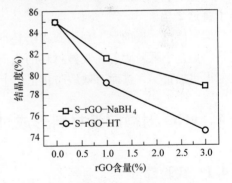

图 8.16　添加 rGO 的复合微胶囊
相变材料的结晶度计算结果

NaBH₄ 还原方法得到小颗粒状 rGO 虽然不能有效地形成互穿网络，但是小颗粒附着在胶囊材料的表面，可以形成另外一层保护层，将不致密的 SiO₂ 壳层变得更加紧实，进而有效地防止正二十烷受热后的流失，提高了复合材料的焓值。

8.3.4　本节小结

本节利用两种不同的还原方法（NaBH₄ 还原和高温还原）分别得到了 rGO 的片层结构（rGO-NaBH₄ 和 rGO-HT），利用 TFM 和 AFM 的观察，发现两种 rGO 在形貌上存在很大差

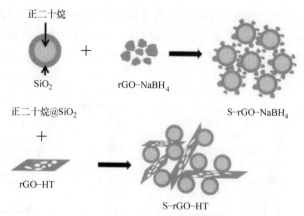

图 8.17　添加 rGO 的复合微胶囊相变材料的结构示意图

异，rGO－HT 显示是平整的片层结构，厚度约为 3.5nm，但是片层平面存在很多空洞。而 rGO－NaBH₄ 观察得到的结果却是，样品中并不存在大片的层状结构，而是呈现出大量的小颗粒状的碎片，尺寸为 2～7nm，形状和尺寸分布都不均匀。

经过进一步的结构研究发现，rGO－HT 的还原程度比 rGO－NaBH₄ 要高很多，表面的 O－H 基团、C－O 键和 C＝O 双键都被还原得更加彻底。同时，在复合材料的热导率上，rGO－HT 的提高程度也比 rGO－NaBH₄ 要高很多，这是由于高温还原方法得到的 rGO 样品具有更完整的片层结构，而片层之间相互搭构的框架结构在微胶囊材料中形成了电子通行的桥梁，更加利于热量的传输。相比之下，rGO－NaBH₄ 呈小颗粒状，不能实现有效的相互接触，影响了传热效果。以添加 3% rGO 为例，rGO－NaBH₄ 将微胶囊材料的热导率由原来的 $0.18W/(m \cdot K)$ 提高到 $0.36W/(m \cdot K)$，而 rGO－HT 将热导率提高到 $0.51W/(m \cdot K)$，提高了将近 2 倍。

但是值得一提的是，利用 NaBH₄ 还原方法得到小颗粒状 rGO 虽然不能有效地形成互穿网络，但是小颗粒附着在胶囊材料的表面，可以形成另外一层保护层，将不致密的 SiO₂ 壳层变得更加紧实，进而有效地防止正二十烷受热后的流失，提高了复合材料的焓值。

8.4　rGO 对微胶囊材料形成过程的影响

8.4.1　实验部分

8.4.1.1　原料

同 8.3.1.1 节。

8.4.1.2　复合相变材料的制备

正二十烷@SiO₂ 微胶囊材料和 NaBH₄ 还原的 rGO 片层结构的基本制备方法如 8.2 节和 8.3 节所述。值得一提的是，在正二十烷@SiO₂ 微胶囊的乳化阶段，加入一定量的 rGO/水分散溶液。在滴加 TEOS 完成之后开始计时，每反应 2h 取一次样品（20mL 反应溶液），至 12h 后反应完全。将每次取出的样品离心，充分清洗、干燥并依次标记 S－rGO－A、S－rGO－B、S－rGO－C、S－rGO－D、S－rGO－E 和 S－rGO－F，具体反应时间见表 8.2。样品 S－rGO－A 的颜色偏黑，之后颜色逐渐变浅，最后 S－rGO－F 样品为白色粉末。

表 8.2　正二十烷@SiO₂ 与 rGO 复合相变体系反应时间及样品名标记

样品名	反应时间/h	是否添加 rGO
正二十烷@SiO₂	18	否
S – rGO – A	2	是
S – rGO – B	4	是
S – rGO – C	6	是
S – rGO – D	8	是
S – rGO – E	10	是
S – rGO – F	12	是

8.4.1.3　复合相变材料的表征

FT – IR：同 8.3.1.3 节。

DSC：同 8.2.1.3 节。

TGA：同 8.2.1.3 节。

SEM：同 8.2.1.3 节。

XRD：同 8.2.1.3 节。

8.4.2　复合相变材料的结构表征

图 8.18 所示为合成的复合相变材料的 SEM 照片。图 8.18a 所示为没有添加 rGO 样品的最终产物，反应时间为 18h。图 8.18b ~ g 所示分别为 S – rGO – A、S – rGO – B、S – rGO – C、S – rGO – D、S – rGO – E 和 S – rGO – F 的 SEM 观察结果。可以看出，在反应初期（2 ~ 4h），溶液中基本没有球状颗粒形成，随着反应时间延长至 6h，溶液中出现大量尺寸不均匀的球状颗粒，较多颗粒呈破碎状。可能的原因是 rGO 的片层结构具有很强的分散能力，破坏了正二十烷的乳化过程，进而导致后续的 TEOS 的水解和缩聚反应不能顺利进行。同时，在水解反应的初期，新形成的 SiO₂ 壳层比较薄弱，由 8.2 节的结构分析可知，SiO₂ 壳层是由更小的 SiO₂ 颗粒构成的，颗粒间的相互作用力较弱，容易被 rGO 的片层结构穿插破坏，形成了破缺的不完美的球状颗粒。

由于 rGO 的强分散作用，加速了 TEOS 的水解速率，导致形成的 SiO₂ 壳层尺寸分布较宽，而没有添加 rGO 的样品由于水解时间缓慢，形成速率均匀，进而形成的微胶囊颗粒尺

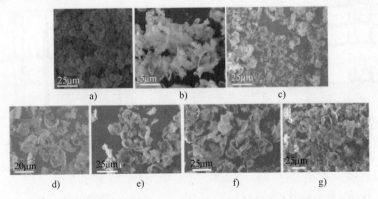

图 8.18　不同反应时间下合成的复合相变材料的 SEM 照片

寸比较均匀。由图 8.18e ~ g 可以看出，反应进行到 8h 以后，溶液中颗粒的状态，包括尺寸和形貌，已经基本成型并不再随着反应时间的延长而变化，可以认为反应基本结束。

图 8.19 所示为 rGO、S – rGO – A、S – rGO – B、S – rGO – D 和不添加 rGO 的正二十烷@SiO$_2$ 样品的 FT – IR 谱图，其中除 rGO 外，其余样品在 2958cm^{-1}、2917cm^{-1}、2851cm^{-1} 和 716cm^{-1} 波数位置处的吸收峰分别对应 – CH$_3$ 非对称伸缩峰、– CH$_2$ – 非对称伸缩峰、– CH$_2$ – 对称伸缩峰和摇摆振动及脱离相变材料平面的弯曲振动峰。在 1468cm^{-1} 波数位置的吸收峰对

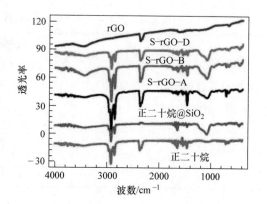

图 8.19 不同反应时间下合成的复合相
变材料的 FT – IR 谱图

应 – CH$_2$ – 的弯曲振动。在 S – rGO 系列样品的谱图中，上述位置的吸收峰都存在，证明样品中含有正二十烷的相变材料成分。根据已报道的文献，在 3434cm^{-1} 波数的位置，对应 O – H 键的伸缩振动，这些 O – H 键主要来自样品表面的羟基和吸附的水分子，而 1000 ~ 1130cm^{-1} 波数位置的宽吸收峰对应于 Si – O – Si 基团的振动。FT – IR 的结果表明，在正二十烷@SiO$_2$ 形成过程中，并没有形成 Si 和 C 之间的化学键，正二十烷作为相变材料，和基体材料 SiO$_2$ 之间是物理相互作用，即使微胶囊化的过程中添加了 rGO 的片层，也没有改变微胶囊核壳结构的物理相互作用本质。

图 8.20 所示为样品的 XRD 谱图，可以明显看出，正二十烷的某些衍射峰在 S – rGO 系列样品和正二十烷@SiO$_2$ 样品中都减弱或者消失，说明在 SiO$_2$ 壳层形成时，正二十烷的某些方向的长程有序性遭到限制或破坏。图 8.21 所示为 S – rGO – A、S – rGO – B、S – rGO – E 和正二十烷区间（10° ~ 40°）放大效果图，其中两条平行虚线标出 SiO$_2$ 的非晶峰范围。可以看出，随着反应时间的延长，SiO$_2$ 的非晶峰逐渐增强，表明反应前 2h，基本没有形成 SiO$_2$，但是当反应进行到 6h 后，SiO$_2$ 的壳层形成过程结束，非晶峰所占的面积百分比基本不再随时间的延长而变化。

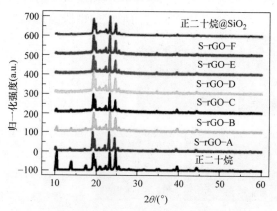

图 8.20 不同反应时间下合成的复合
相变材料的 XRD 谱图

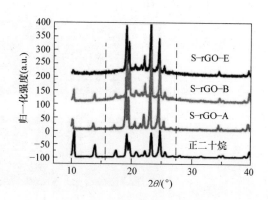

图 8.21 样品 S – rGO – A、S – rGO – B、
S – rGO – E 和正二十烷的 XRD 区间放大效果图

8.4.3　复合相变材料的热学性质

图 8.22 所示为样品 S - rGO - A、S - rGO - B、S - rGO - D 和正二十烷的 DSC 曲线图,从吸热曲线上看,几个样品的熔点没有太大变化,而焓值是逐渐降低的。说明随着反应时间的延长,SiO₂ 壳层的质量分数逐渐增大,导致对复合样品焓值有影响的正二十烷部分相对减少,进而使整体的焓值下降。从放热曲线上看,纯正二十烷的放热曲线明显出现两个峰值,33.6℃ 位置对应着正二十烷的凝固过程,而 30.5℃ 的位置对应正二十烷分子进行长程有序排列的过程,即结晶过程的放热。

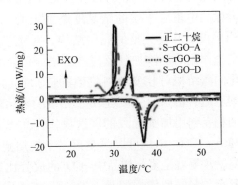

图 8.22　不同反应时间下合成的
复合相变材料的 DSC 曲线

从 S - rGO 系列样品的放热峰来看,随着反应时间的延长,结晶峰逐渐变得不再尖锐,并向低温方向移动,表明 SiO₂ 壳层对正二十烷分子的限域作用影响了正二十烷的凝固结晶过程。如 8.2 节所介绍,原位包裹形成微胶囊的过程中,一部分正二十烷分子被困在 SiO₂ 的纳米量级的孔道中,不易形成完美的三维有序结构,因而放热曲线只有一个峰值,对应液态的正二十烷凝固的过程。

各样品的熔点和焓值见表 8.3。不难发现,复合样品 S - rGO 的熔点比正二十烷的略有降低,说明 SiO₂ 壳层对正二十烷的改变不大,进一步证实了 SiO₂ 和正二十烷之间属于较弱的物理相互作用。另外,反应初期 (0~6h),复合样品的焓值逐渐下降,至反应 8h 后基本不再变化,证明复合样品已反应完全。另一方面,由复合样品和正二十烷@SiO₂ 微胶囊材料的 DSC 结果对比可以看出,在相同初始条件下,添加了 rGO 的反应进行得更迅速,形成样品的焓值也偏高,说明 rGO 的加入增强了正二十烷和 SiO₂ 的界面相互作用。

表 8.3　正二十烷@SiO₂ 与 rGO 复合相变体系的熔点及焓值

样品名	循环 1		循环 2	
	熔点/℃	焓值/(J/g)	熔点/℃	焓值/(J/g)
正二十烷	37.0	232.6	37.0	232.3
S - rGO - A	38.1	202.7	38.0	203.1
S - rGO - B	36.8	172.6	36.8	170.7
S - rGO - C	36.7	153.4	36.7	149.4
S - rGO - D	37.1	146.4	37.2	139.3
S - rGO - E	36.2	138.2	36.2	136.0
S - rGO - F	36.4	140.7	36.4	135.2
正二十烷@SiO₂	37.3	118.5	37.2	114.5

样品 S - rGO - A、S - rGO - B、S - rGO - D 和纯正二十烷的失重 TGA 曲线如图 8.23 所示,仍然可以看出复合材料的形成机制,在反应的前 6h,复合材料中正二十烷的质量分数逐渐减少,8h 之后基本不再发生变化。根据式 (8.10) 通过失重量和焓值可以得到复合物

中正二十烷成分的结晶度信息，见表8.4。根据计算结果的分析，可以看出在反应初期（前4h）复合样品中正二十烷的结晶度略有上升，由于此时SiO₂没有形成完整的壳层结构，对正二十烷起到定型作用的是添加到反应液中的rGO片层。功能化的碳结构对相变材料焓值的提高在前人的文献中也略有报道，主要是由于相变材料和基体材料的相互作用加强导致的。这里，样品S−rGO−A和S−rGO−B也可以耐受正二十烷熔点之上的高温，主要就是复合样品中rGO的成分比SiO₂的成分高，起定型作用的是rGO，而rGO表面悬挂的

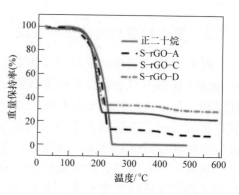

图8.23　不同反应时间下合成的
复合相变材料的TGA曲线

各类基团使得其与正二十烷的相互作用加强，进而导致正二十烷的结晶度有所上升。

表8.4　样品结晶度

样品名	结晶度（%）
正二十烷	100
S−rGO−A	100
S−rGO−B	111
S−rGO−C	90
S−rGO−D	95
S−rGO−E	84
S−rGO−F	81

8.4.4　本节小结

在正二十烷@SiO₂微胶囊的乳化阶段，加入一定量的rGO/水分散溶液。在滴加TEOS完成之后开始计时，每反应2h取一次样品，至12h后反应完全。通过对复合样品的结构和热学性质的分析，了解rGO对微胶囊化过程的影响。在反应初期（2~4h）溶液中基本没有球状颗粒形成，随着反应时间延长至6h，溶液中出现大量尺寸不均匀的球状颗粒，较多颗粒呈破碎状。原因可能是rGO的片层结构具有很强的分散能力，破坏了正二十烷的乳化过程，加速了TEOS的水解速率，进而导致后续的TEOS的水解和缩聚反应不能顺利进行。

FT−IR的结果表明，在正二十烷@SiO₂形成过程中，并没有形成Si和C之间的化学键，正二十烷作为相变材料，和基体材料SiO₂之间是物理相互作用，即使微胶囊化的过程中添加了rGO的片层，也没有改变微胶囊核壳结构的物理相互作用本质。从XRD谱图可以看出，正二十烷的某些衍射峰在S−rGO系列样品和正二十烷@SiO₂样品中都减弱或者消失，说明在SiO₂壳层形成时，正二十烷的某些方向的长程有序性遭到限制或破坏。随着反应时间的延长，SiO₂的非晶峰逐渐增强，表明反应前2h基本没有形成SiO₂，但是当反应进行到6h后，SiO₂的壳层形成过程结束，非晶峰所占的面积百分比基本不再随时间的延长而变化。

从S−rGO系列样品的放热峰来看，随着反应时间的延长，结晶峰逐渐变得不再尖锐，

并向低温方向移动，表明 SiO₂ 壳层对正二十烷分子的限域作用影响了正二十烷的凝固结晶过程。同时，在相同初始条件下，添加了 rGO 的反应进行得更迅速，形成样品的焓值也偏高，说明 rGO 的加入增强了正二十烷和 SiO₂ 的界面相互作用。根据计算结果的分析，在反应初期（前 4h）复合样品中正二十烷的结晶度略有上升，由于此时 SiO₂ 没有形成完整的壳层结构，对正二十烷起到定型作用的是 rGO 片层。

参 考 文 献

[1] CHO, KWON, CHO. Microencapsulation of octadecane as a phase – change material by interfacial polymerization in an emulsion system [J]. Colloid and Polymer Science, 2002, 280 (3): 260 – 266.

[2] ZOU, LAN, TAN, et al. Microencapsulation of n – hexadecane as a phase change materials in polyurea [J]. Acta Physico – Chimica Sinica, 2004, 20 (1): 90 – 93.

[3] LAN, TAN, ZOU, et al. Microencapsulation of n – Eicosane as Energy Storage Material [J]. Chinese Journal of Chemistry, 2004, 22 (5): 411 – 414.

[4] MIAO, LÜ, YAO, et al. Preparation of silica microcapsules containing octadecane as temperature – adjusting powder [J]. Chemistry Letters, 2007, 36 (4): 494 – 495.

[5] MIAO, YAO, TANG, et al. Preparation and characterization of silica microcapsules containing butyl – stearate via sol – gel method [J]. Transactions of Nonferrous Metals Society of China, 2007, 17: S1018 – S1021.

[6] DESTRIBATS, SCHMITT, BACKOV. Thermostimulable Wax @ SiO₂ CoreShell Particles [J]. Langmuir, 2010, 26 (3): 1734 – 1742.

[7] 王冕，毋伟，张魁，等. Pickering 乳液聚合法制备 pH 敏感复合微胶囊及其缓释性能 [J]. 北京化工大学学报（自然科学版），2011, 38 (4): 84 – 88.

[8] 吴晓琳，孙蓉，朱朋莉，等. 有机/无机复合微胶囊相变材料的近红外光谱分析 [J]. 物理化学学报，2011. 27 (5): 1039 – 1044.

[9] LI, WU, TAN. Properties of form – stable paraffin/silicon dioxide/expanded graphite phase change composites prepared by sol – gel method [J]. Applied Energy, 2012, 92: 456 – 461.

[10] 刘先之，刘凌志，门永锋. 石蜡相变微胶囊的制备与表征 [J]. 应用化学，2012, 29 (1): 9 – 13.

[11] KIM, LEE, CHA, et al. Preparation and Characterization of the Antibacterial Cu Nanoparticle Formed on the Surface of SiO₂ Nanoparticles [J]. The Journal of Physical Chemistry B, 2006, 110 (49): 24923 – 24928.

[12] KIM, LEE, CHA, et al. Synthesis and Characterization of Antibacterial AgSiO₂ Nanocomposite [J]. The Journal of Physical Chemistry C, 2007, 111 (9): 3629 – 3635.

[13] SONG, LI, XING, et al. Thermal stability of composite phase change material microcapsules incorporated with silver nano – particles [J]. Polymer, 2007, 48 (11): 3317 – 3323.

[14] KIM, KIM, CHA, et al. Bulklike Thermal Behavior of Antibacterial AgSiO₂ Nanocomposites [J]. The Journal of Physical Chemistry C, 2009, 113 (13): 5105 – 5110.

[15] WU, ZHU, ZHANG, et al. Preparation and Melting/Freezing Characteristics of Cu/Paraffin Nanofluid as Phase – Change Material (PCM) [J]. Energy & Fuels, 2010, 24 (3): 1894 – 1898.

[16] 王维，陈兴，蔡泉，等. 小角 X 射线散射（SAXS）数据分析程序 SAXS1. 0 [J]. 核技术，2007, 30 (7): 571 – 575.

[17] 王维. 小角 X 射线散射研究贵金属纳米颗粒的长大行为 [D]. 北京：中科院高能物理研究所，2009.

[18] HUMMERS JR, OFFEMAN. Preparation of Graphitic Oxide [J]. Journal of the American Chemical Society, 1958, 80 (6): 1339.

[19] LUO, ZHANG, LIU, et al. Evaluation Criteria for Reduced Graphene Oxide [J]. The Journal of Physical

Chemistry C, 2011, 115 (23): 11327 – 11335.

[20] CHEN, ZOU, XIA, et al. Electro – and Photodriven Phase Change Composites Based on Wax – Infiltrated Carbon Nanotube Sponges [J]. ACS Nano, 2012, 6 (12): 10884 – 10892.

[21] WANG, WANG, LI, et al. Novel phase change behavior of n – eicosane in nanoporous silica: emulsion template preparation and structure characterization using small angle X – ray scattering [J]. Physical Chemistry Chemical Physics, 2013, 15 (34): 14390 – 14395.